Naturerlebnis Aquarium

Diskusfisch (Symphysodon aequifasciatus).

Zierfische haben alles zu bieten: Schillernde Farben, skurrile Formen und faszinierende Verhaltensweisen. Da sind zum Beispiel die farbenprächtigen Regenbogenfische oder die Harnischwelse, die in jedem Aquarium wegen ihres exotischen Aussehens auffallen. Das Kampffischpaar baut sich ein Schaumnest. Nach der Eiablage im freien Wasser sammeln die Eltern die Eier ein und spucken sie ins Nest. Manche Maulbrüter beschützen ihre Jungen, indem sie sie bei Gefahr in ihr Maul schwimmen lassen. All das läßt das Aquarium zu einem einzigartigen Naturerlebnis werden.

Voreinander imponierende Kampffisch-Männchen.

Ulrich Schliewen

Aquarienfische

Artgerecht halten

Gesund ernähren

Richtig verstehen

Mit Fotos bekannter Aquarienfotografen

Zeichnungen: Renate Holzner

INHALT

1 Sich vor der Anschaffung informieren

2 Richtig halten und pflegen

3 Verstehen lernen und beobachten

A Allgemein Wichtiges

Kinder-Extra

Sich vor der Anschaffung informieren

Das A und O für die erfolgreiche Pflege von Zierfischen ist das Wissen um ihre Lebensweise in der Natur.

Was Sie über Fische wissen sollten

Die meisten Aquarienfische stammen direkt aus der Natur oder sind Nachfahren von Elterntieren, die aus der Natur entnommen wurden. Ein Aquarium kann kein getreues Abbild der Natur sein. Für eine erfolgreiche Aquarienpflege ist es jedoch eine Grundvoraussetzung, sich mit den Fischen, die man pflegen möchte, intensiv auseinanderzusetzen.

Jede Fischart hat spezielle Ansprüche

Über 25000 Fischarten hat die Natur hervorgebracht. Trotz dieser Vielfalt hat sich jede einzelne Art im Laufe der Erdgeschichte an ihren speziellen Lebensraum angepasst. Die Heimat der meisten Aquarienfische sind die tropischen Gebiete in Süd- und Mittelamerika, Afrika, Asien und Australien. Dort leben sie in Gewässern mit teilweise sehr unterschiedlichen Eigenschaften. So können z.B. die einen aus schnell fließenden Stromschnellen mit kalkhaltigem Wasser stammen, wäh-

Viele der bekanntesten Aquarienfische stammen aus Schwarzwasserbächen.

Eine asiatische Fischart, die Fünfgürtelbarbe *(Punitus pentazona)*, ist in Schwarzwasserbächen zuhause.

rend die anderen aus kalkarmen Stillgewässern kommen.

Fische sind empfindsame Lebewesen

Werden die Ansprüche, die die verschiedenen Fischarten aus der Natur mitgebracht haben, im Aquarium erfüllt, fühlen sie sich wohl. Falls nicht, kümmern die Fische vor sich hin und sterben schließlich.

Zwar gibt es robuste Arten, die mit einem weiten Bereich an Pflegebedingungen zurechtkommen, aber auch diese besitzen feine Sinne, mit denen sie ihre Umwelt wahrnehmen und überprüfen, ob sie zuträglich für sie ist oder nicht. Empfindliche Arten verfügen über die gleichen feinen Sinne, haben aber speziellere Ansprüche. Sowohl robuste, als auch empfindliche Arten sind für die Pflege im Aquarium geeignet, wenn man ihren Ansprüchen mit der entsprechenden Sorgfalt genügt.

Um Freude an gesunden Tieren im Aquarium zu haben, ist es daher wichtig, sich vor dem Kauf der Fische über deren spezielle Bedürfnisse zu informieren. Dann kann man ihnen die notwendigen Lebensbedingungen schaffen.

Die Tabellen im Porträtteil dieses Ratgebers ab Seite 14 geben Ihnen über die wichtigsten Pflegebedingungen vieler Arten Auskunft.

Wildfang oder Nachzucht ?

Die Frage, ob man Wildfänge oder Nachzuchten erwerben soll, ist nicht eindeutig zu beantworten, denn es gibt Qualitätsunterschiede bei beiden: Wildfänge, also direkt aus der Natur entnommene Fische, sind anspruchsvoller in der Pflege als Nachzuchten der gleichen Art. Sie haben ja einen Teil ihres Lebens bereits unter natürlichen Bedingungen zugebracht und sich auf diese eingestellt. Dafür zeigen Wildfänge oft schönere Farben und sind unter optimalen Pflegebedingungen vitaler als über viele Generationen gezüchtete Stämme. Das trifft

TIP

Nehmen Sie sich ein gutes Aquarienfischbuch mit zum Zierfischhändler. Überprüfen Sie die beschriebenen Pflegebedingungen der einzelnen Fischarten mit den Möglichkeiten, die Sie in Ihrem Aquarium zuhause bieten können. So vermeiden Sie eventuelle Enttäuschungen von Anfang an.

Apfelschnecken sind beliebte Mitbewohner im Gesellschaftsaquarium.

Wie alt können Fische werden?

Es gibt Fische, die älter als 20 Jahre werden. Andere leben nicht einmal ein Jahr lang. Fische mit einer kurzen Lebenszeit stammen oft aus Tümpeln, die einmal im Jahr austrocknen. Bevor sie sterben, müssen sie für Nachwuchs sorgen. Sie legen ihre Eier in den Boden ab. Dort bleiben sie bis zum nächsten Regen. Wenn der Tümpel sich wieder mit Wasser füllt, schlüpfen die Jungen aus den Eiern. Sie wachsen so schnell, daß sie sich noch im selben Jahr wieder fortpflanzen. Die berühmten Lungenfische, die auch in solchen Tümpeln leben, können jedoch sehr alt werden. Während der Trockenzeit graben sie sich in den Boden ein und warten hier bis zum nächsten Regen.

aber nur dann zu, wenn Fang und Transport schonend vonstatten gegangen sind und die Tiere beim Großhändler vorsichtig eingewöhnt wurden.
Nachzuchten haben sich meist schon über viele Generationen an Aquarienbedingungen angepaßt und sind deshalb oft pflegeleichter. Sie stehen Wildfangtieren im Aussehen nicht unbedingt nach. Das gilt aber nur für Tiere aus guten Zuchten.
Da man die Herkunft bzw. die Importgeschichte den angebotenen Tieren nicht ansieht, hilft außer Fragen nur eins: Überprüfen Sie anhand der Fotos und den Angaben in diesem Buch, ob die Fische gesund aussehen und ihrem Temperament entsprechend lebhaft sind.
Entscheiden Sie sich für die vitaleren, unabhängig davon, ob die Fische Wildfänge sind oder aus Nachzuchten stammen.

Naturschutz und Aquaristik

Wer einmal das wunderbare Leben im Aquarium beobachtet hat, weiß, wie wichtig es ist, die Natur zu erhalten und zu schützen.
Zum Schutz der tropischen Lebensräume, aus denen viele Aquarienfisch-Wildfänge stammen, gibt es inzwischen viele Naturschutz-Initiativen. Mit Hilfe von Geldern, die aus dem Zierfischfang stammen, werden Lebensräume erhalten. Außerdem haben auch die Menschen, die vor Ort Zierfische fangen und verkaufen, Interesse daran, daß die Naturgebiete intakt bleiben. Die für sie wichtigste Erwerbsquelle wäre sonst unwiderbringlich verloren.

Rechtsfragen zur Aquaristik

Mietrecht

Selbst wenn in einem Mietvertrag die Heimtierhaltung grundsätzlich und ohne Ausnahme verboten ist, so ist nach der Rechtsprechung des Bundesgerichtshofes (Az.: VII ZR 10/92) ein solches generelles Verbot unwirksam. Der Vermieter muß nämlich zwischen den einzelnen Tieren, die der Mieter in der Wohnung halten will, unterscheiden. Während von Hunden Lärmbelästigungen ausgehen können oder beispielsweise Gift- oder Würgeschlangen gefährlich sein können, kann die Haltung von solchen Tieren nicht beanstandet werden, die schon vom Ansatz her weder störend noch gefährlich sind. Dies gilt insbesondere für das Aufstellen eines Aquariums in der Mietwohnung (AG Eschweiler, Az.; 5 C 769/91; LG Köln, Az.: 6 S 189/93; AG Aachen, Az.: 6 C 500/88).

Das Benutzungsrecht einer Wohnung schließt damit auch das Recht des Mieters ein, in diesen Räumen seinen persönlichen Hobbies nachzugehen, soweit hierdurch die Belange der übrigen Mitmieter oder des Vermieters nicht beeinträchtigt werden. Eine Einschränkung dieses Grundsatzes ist nur dann möglich, wenn es durch ein schadhaftes Aquarium zu Schäden an der Wohnung und/oder der Bausubstanz des Hauses gekommen ist. Hier wäre es nicht rechtsmißbräuchlich, wenn der Vermieter die Aufstellung eines Aquariums von Auflagen abhängig macht und den Abschluß einer geeigneten Aquarium-Haftpflichtversicherung fordert. Eine solche Versicherung deckt derartige Risiken ab und ist ohnehin eigentlich für alle Aquarianer empfehlenswert. Dies selbst dann, wenn das Risiko eines Glasbruchschadens nur wenig wahrscheinlich ist.

Versicherungsrecht

Auch wenn ein Aquarium mit nur 100 Liter Wasserinhalt nicht sehr groß ist, so kann auslaufendes Wasser doch einen beträchtlichen Schaden anrichten. Der Abschluß einer geeigneten Versicherung ist daher angezeigt. Angeboten werden solche Beckenhaftpflicht- und/oder Eigenschadenversicherungen von den verschiedenen Aquarienvereinen. Voraussetzung ist aber immer, daß man diesen Vereinen auch als Mitglied beitritt.

Kaufvertragsrecht

Jeder, der Zierfische käuflich erwirbt, schließt mit dem Verkäufer immer einen Kaufvertrag ab. Dieser Vertrag muß nicht schriftlich abgefaßt werden, denn auch ein mündlicher Kaufvertrag ist rechtsgültig. Stellt sich nach Übergabe der Fische an den Käufer heraus, daß das Tier mit einer Krankheit behaftet war, kann der Käufer seine gesetzlichen Gewährleistungsrechte geltend machen und beispielsweise vom Kaufvertrag zurücktreten oder aber den Kaufpreis mindern. Voraussetzung hierfür ist aber immer, daß das Tier bereits bei Übergabe (und nur dann) krank war. Gerade bei Infektionskrankheiten läßt sich der Krankheitsbeginn nur schwer feststellen, so daß meistens nur sachverständige Tierärzte diese Fragen klären können.

Macht der Käufer mit Recht solche Gewährleistungsrechte geltend, so muß er dies innerhalb von sechs Monaten von der Übergabe an gerechnet tun, da seine Gewährleistungsrechte sonst verjähren. Aber selbst dann, wenn die Fische kurze Zeit nach dem Einsetzen in das neue Aquarium erkranken, muß dies nicht zwangsläufig bedeuten, daß die Fische schon vom Zoofachhändler krank erworben wurden. Denn alleine durch den Transportstreß und das Umsetzen in ein Aquarium mit neuer anderer Wasserqualität können sich innerhalb von nur Stunden Krankheiten entwickeln, die dann der Verkäufer aber nicht zu verantworten hat.

Hinweis: Kinder oder Jugendliche (bis zum vollendeten 16. Lebensjahr) sollten sich den Kauf von Fischen gut überlegen. Ohne Einwilligung ihrer Erziehungsberechtigten dürfen Kinder noch keine Fische kaufen. Genehmigen die Eltern diese Tiere nicht, muß der Verkäufer die Fische wieder zurücknehmen und den Kaufpreis zurückerstatten.

Tierschutz

Auch Zierfische in dem Biotop »Aquarium« müssen art- und verhaltensgerecht gehalten werden. Dies bedeutet nicht nur artgerechte Ernährung, sondern auch artgerechte Umweltbedingungen im Aquarium. Regelmäßiger Wasserwechsel gehört hierzu ebenso wie eine artgemäße Aquarieneinrichtung.

Artenschutz

Im Gegensatz zu vielen Meerwasserzierfischen unterliegen nahezu keine Süßwasserzierfische irgendwelchen Artenschutzbestimmungen. Es handelt sich oft um nachgezüchtete Tiere. Artenschutzrechtliche Auflagen müssen daher nicht beachtet werden.

Tierkörperbeseitigung

Zierfische fallen nicht unter das Tierkörperbeseitigungsgesetz, so daß verendete Fische im Garten begraben werden dürfen. Für Kleintiere gilt das Abfallbeseitigungsgesetz, so daß man diese auch in die Mülltonne (!) geben dürfte. Für welchen Weg man sich schließlich entscheidet, ist Ansichtssache. Ein dem Tierschutzgedanken verpflichtendes Ethos schuldet es aber dem Partner Tier, daß sein Leben in Würde zu Ende gehen kann.

Haibarben (*Balantiocheilus melanopterus* → Seite 115).

Die beliebtesten Aquarienfische

Der nachfolgende Steckbriefteil stellt über 120 der beliebtesten Aquarienfische nach Gruppen vor. Die Einleitung zu jeder Fischgruppe informiert über die Verbreitung, Lebensweise, Besonderheiten und allgemein gültige Pflegebedingungen. Wichtig für die artgerechte Pflege der einzelnen Arten sind die Informationen in den Tabellen.

Erläuterung der Tabellen

Deutscher Name: Der bekannteste ist genannt.
Lateinischer Name: Er besteht aus dem Gattungsnamen und angehängtem Artnamen.
Größe: Erreichbare Maximalgröße des Fisches.
Becken: Mindestbeckengröße, die eingehalten werden sollte, damit die jeweilige Art ihre typischen Verhaltensweisen entfalten kann. Für besondere Zwecke, wie z. B. die Zucht oder die Pflege einzelner Tiere, kann man auch kleinere Becken wählen.
Wassertyp: Eingeteilt in 6 Typen. Die meisten vorgestellten Fische können bei verschiedenen Wassertypen gehalten werden. Deshalb wird oft mehr als ein Wassertyp für jede Art angegeben.
Die einzelnen Wassertypen haben folgende chemische Eigenschaften (→ Seite 58);

- Typ 1:
  pH: 4,5 - 6,5; °dKH: 0 – 3
- Typ 2:
  pH: 5,5 - 6,8; °dKH: 3 – 8
- Typ 3:
  pH: 6,8 - 7,5; °dKH: 3 – 8
- Typ 4:
  pH: 6,8 - 7,5; °dKH: 8 – 16
- Typ 5:
  pH: 7,2 - 8,5; °dKH: >12
- Typ 6:
  pH: > 8,0; °dKH: >12

Foto: Verweis auf Foto der jeweiligen Art im Buch.

Trauermantelsalmler *(Gymnocorymbus ternetzi)*.

Bild oben: Neonfisch *(Paracheirodon innesi).*

Bild unten: Kaisersalmler-Männchen *(Nematobrycon palmeri).*

Salmler

Die Fische dieser Gruppe gehören zu den beliebtesten Aquarienfischen, weil sie Farbenpracht ins Aquarium bringen. Auch die glänzenden Neonfische aus den dunklen Urwaldbächen des Amazonas-Regenwaldes sind Salmler.

Unterscheidungsmerkmale: Die meisten Salmler unterscheiden sich von anderen ähnlich aussehenden Aquarienfischen wie Barben und Lebendgebärenden durch eine zusätzliche Flosse, der sogenannten Fettflosse. Sie liegt zwischen der Rücken- und Schwanzflosse. Aber Vorsicht, es gibt auch Salmler-Arten, die keine Fettflosse besitzen.

Lebensweise in der Natur: Die hier gezeigten Salmler besiedeln meist klare Bäche und ruhige Flußabschnitte im tropischen Südamerika. Nur die Kongosalmler stammen aus Afrika. Die Heimatgewässer der Salmler sind oft mit Wasserpflanzen bewachsen und ins Wasser gefallene Zweige und Blätter der am Ufer wachsenden Urwaldbäume gliedern ihren Lebensraum. In kleinen Trupps oder Schwärmen schwimmen die Salmler auf der Suche nach kleinen Futtertieren im freien Wasser umher – immer bereit, schnell im Schwarm das Weite zu suchen, wenn vermeintlich Gefahr droht. Besonders die kleineren Arten suchen aber auch kleinste pflanzliche und tierische Futterteilchen an den Stengeln der Wasserpflanzen oder im Blattgewirr, das den Ge-

Salmler

Fischart	Größe	Becken	Wassertyp	Temperatur	Foto
Kongosalmer *Phenacogrammus interruptus*	12 cm	100 cm	2 – 5	23 – 27 °C	S. 17 oben
Roter Neon *Paracheirodon axelrodi*	5 cm	60 cm	1 – 3	23 – 27 °C	S. 102/3
Neonfisch *Paracheirodon innesi*	4 cm	50 cm	1 – 5	20 – 24 °C	S. 15 oben
Kaisersalmler *Nematobrycon palmeri*	6 cm	60 cm	2 – 5	23 – 26 °C	S. 15 unten
Marmorbeilbauch *Carnegiella strigata*	5 cm	60 cm	1 – 5	26 – 30 °C	Umschlag vorne
Trauermantelsalmler *Gymnocorymbus ternetzi*	6 cm	60 cm	2 – 6	23 – 28 °C	S. 14
Rotkopfsalmler *Hemigrammus bleheri*	5 cm	60 cm	1 – 3	22 – 26 °C	– – – – – –
Glühlichtsalmler *Hemigrammus erythrozonus*	4 cm	50 cm	1 – 5	23 – 26 °C	S. 80/81
Karfunkelsalmler *Hemigrammus pulcher*	4,5 cm	60 cm	1 – 3	24 – 28 °C	S. 18 unten
Blutsalmler *Hyphessobrycon callistus*	4,5 cm	60 cm	1 – 5	24 – 28 °C	S. 17 unten
Schmucksalmler *Hyphessobrycon bentosi*	5 cm	60 cm	2 – 5	23 – 27 °C	– – – – – –
Schwarzer Phantosalmler *Megalomphodus megalopterus*	4,5 cm	60 cm	2 – 5	23 – 28 °C	– – – – – –
Brillantsalmler *Moenkhausia pittieri*	6 cm	80 cm	2 – 3	24 – 28 °C	S. 64
Rotaugen-Moenkhausia *Moenkhausia sanctaefilomenae*	7 cm	80 cm	2 – 6	23 – 26 °C	S. 18 oben
Schrägschwimmer *Thayeria boehlkei*	6 cm	80 cm	2 – 5	24 – 28 °C	– – – – – –

Nur erwachsene Kongosalmler *(Phenacogrammus interruptus)* zeigen schöne Farben.

wässerboden bedeckt. In der Regenzeit, wenn die Gewässer über die Ufer treten, schwärmen viele Salmler auf den nun überfluteten Urwaldboden aus, um sich an dem reichlich gedeckten Tisch zu bedienen.

Fortpflanzung: Viele kleine Eier werden an Wasserpflanzen, Algen oder Fallaub abgelegt. Die meisten Salmler betreiben keine Brutpflege.

Geschlechtsunterschiede: Ausgewachsene Männchen der meisten Arten sind farbiger als die Weibchen. Die Weibchen dagegen sind fülliger als die Männchen. Bei Jungfischen und Beilbauchfischen lassen sich die Geschlechter kaum unterscheiden.

Pflege: Weil Salmler oft Schwarmfische sind, sollen

Blutsalmler *(Hyphessobrycon callistus)* lieben, wie die meisten Salmler, den Schwarm.

mindestens 6, besser10 Fische gehalten werden. Da die meisten Arten sehr schwimmfreudig sind, empfehle ich auch für die kleineren Arten relativ große Becken. Wasserpflanzen neben freiem Schwimmraum bieten ausreichend Rückzugsmöglichkeiten.
Dunkler Bodengrund läßt die oft zarten Farben der Fische stärker leuchten. In grellen Becken fühlen sich Salmler unwohl. Die Männchen mancher Arten, wie z. B. des Kaisersalmlers, scheren zeitweise aus dem Schwarm aus und etablieren ein kleines Revier, das sie gegen andere Männ-chen verteidigen. In diesem Revier balzen sie mit gespreizten Flossen und prächtigen Farben vorbeikommende Weibchen an.
Ernährung: Alle hier genannten Arten kann man mit Trockenfutter ernähren. Eine regelmäßige Ergänzung mit kleinem Lebendfutter (gefroren oder lebendig) steigert die Lebhaftigkeit und oft auch die Farbintensität. Frisch geschlüpfte Artemia sind besonders für kleine Arten eine hochwertige Zusatznahrung. Beilbauchfische freuen sich über kleine Insekten, z. B. Fruchtfliegen.

Vergesellschaftung: Zu Salmlern passen Welse und andere Bodenbewohner, sowie Zwergbuntbarsche mit gleichen Wasseransprüchen, die vor allem den unteren Beckenbereich als Schwimmraum nutzen.

Bild oben: Rotaugen-Moenkhausien *(Moenkhausia sanctaefilomenae).*

Bild unten: Karfunkelsalmler *(Hemigrammus pulcher)* zeigen ihre zarten Farben nur in dunkel eingerichteten Becken.

Sumatrabarben *(Puntius tetrazona)* zupfen andere Fische an den Flossen, wenn sie nicht ausreichend gefüttert werden.

Barben und Bärblinge

Als flinke Schwimmer bringen Barben und Bärblinge Leben ins Aquarium. Weil viele Arten relativ anspruchslos sind, gelten sie als »Anfängerfische«, auch wenn das nicht für alle Arten zutrifft.

Unterscheidungsmerkmale: Sie sind leicht mit Salmlern zu verwechseln. Da sie aber keine Fettflosse zwischen Rücken- und Schwanzflosse haben, lassen sie sich gut von ihnen unterscheiden.

Lebensweise in der Natur: Die Arten, die am häufigsten in Aquarien gepflegt werden, leben in Südostasiens Gewässern etwa ebenso, wie die Salmler in Südamerika. Die robusten Barben aus der Gattung *Puntius* gründeln auf der Suche nach kleinen Futtertieren in kleinen Trupps am Bodengrund. In trüben Gewässern, die sie nicht selten bewohnen, helfen ihnen die Barteln in den Mundwinkeln bei der Nahrungssuche. Hier sitzen Sinnesorgane, die Futtertiere sozusagen »erschmekken« und ertasten können. Bärblinge dagegen besiedeln meist mittlere und obere Wasserschichten in klaren, schnell fließenden Gewässern mit kiesigem Grund (Zebra-

Bild oben: Kardinalfische *(Tanichthys albonubes).*
Bild unten: Zebrabärblinge *(Brachydanio rerio).*

bärbling, Kardinalfisch), oder sie leben in den warmen Schwarzwassersümpfen und -bächen des regenwaldbedeckten Tieflandes (*Rasbora, Boraras*, aber auch *Puntius pentazona*). Dort bevorzugen sie die Uferregion, wo sie sich zur Not schnell im Wurzelgeflecht der Urwaldbäume, die die Gewässer säumen, verstecken können.

Fortpflanzung: Barben und Bärblinge betreiben keine Brutpflege, sondern legen viele kleine Eier an Pflanzen, Fallaub oder in fließenden Gewässern über Kies ab.

Geschlechtsunterschiede: Erwachsene Weibchen sind fülliger als die Männchen. Bei Jungfischen lassen sich die Geschlechter kaum unterscheiden.

Pflege: Als lebhafte Schwarmfische, die mit mindestens 6 bis 8 Artgenossen zusammen gehalten werden sollten, lieben sie Platz zum Schwimmen. Eine Randbepflanzung bietet Rückzugsmöglichkeiten für die zurückhaltenderen Arten, die auch höhere Ansprüche an die Wasserqualität stellen wie Fünfgürtelbarbe, beide Keilfleckbärblinge und Zwergbärbling. Obwohl die Sumatrabarbe aus ähnlichen Gewäs-

Hengel's Keilfleckbarben *(Rasbora hengeli)* bleiben kleiner als die normale Keilfleckbarbe *(Rasbora heteromorpha)*.

sern stammt, ist sie anspruchsloser. Entsprechend ihrer Herkunft bevorzugen diese fünf Arten im Gegensatz zu Zebrabärbling, Kardinalfisch und Prachtbarbe dunkel eingerichtete Becken.
Ernährung: Trockenfutter kann die Grundlage für eine gesunde Ernährung bieten, jedoch steigert eine regelmäßige Ergänzung mit Lebendfutter (gefroren oder lebendig) die Vitalität.
Vergesellschaftung: Bodenbewohnende Schmerlen, Fransenlipper und Welse, aber auch Zwergbuntbarsche und Labyrinthfische eignen sich als Mitbewohner. Die Sumatrabarbe sollte man nicht mit langflossigen Fischen (z. B. Fadenfischen) pflegen, da sie besonders in zu kleinen Bekken zum Flossenzupfen neigt.

Barben und Bärblinge

Fischart	Größe	Becken	Wassertyp	Temperatur	Foto
Sumatrabarbe *Puntius tetrazona*	7 cm	80 cm	2 – 5	23 – 28 °C	S. 19 oben
Prachtbarbe *Puntius conchonius*	12 cm	120 cm	2 – 6	18 – 22 °C	S. 56/57
Fünfgürtelbarbe *Puntius pentazona*	4,5 cm	60 cm	1 – 3	26 – 29 °C	S. 9
Zebrabärbling *Brachydanio rerio*	6 cm	80 cm	2 – 6	24 – 27 °C	S. 20 unten
Kardinalfisch *Tanichthys albonubes*	4 cm	60 cm	2 – 6	18 – 22 °C	S. 20 oben
Zwergbärbling *Boraras maculata*	2,5 cm	40 cm	1 – 3	25 – 29 °C	S. 107
Hengel's Keilfleckbärbling *Rasbora hengeli*	3,5 cm	50 cm	1 – 3	25 – 28 °C	S. 21 oben
Keilfleckbärbling *Rasbora heteromorpha*	4,5 cm	60 cm	2 – 5	23 – 28 °C	– – – – – –

Schmerlen und Fransenlipper

Unterscheidungsmerkmale: Alle Arten gehören in die Verwandtschaft der Karpfenfische. Innerhalb dieser Gruppe bilden sie aber unterschiedliche Familien, weswegen sie sich nicht durch gemeinsame Merkmale beschreiben lassen.
Lebensweise in der Natur: Alle Arten bewohnen den Boden in Fließgewässern. Dort suchen sie in kleinen Gruppen (*Botia*-Arten, Dornaugen) im Kies oder zwischen Holz, Blättern und Steinen nach Nahrungstieren. Schachbrettschmerlen sind besonders gesellig. Der Einzelgänger Feuerschwanz weidet vor allem die Oberfläche von Holz und Steinen nach feinen Futterteilchen ab. Die algenfressenden Rüsselbarben und Saugschmerlen bevorzugen harte Untergründe in starker Strömung.
Fortpflanzung: Weitgehend unbekannt. Keine Brutpflege.
Geschlechtsunterschiede: Weitgehend unbekannt.
Pflege: Große Arten benötigen große Becken, in denen sie, wie auch die kleinen Arten, in Gruppen gehalten werden können. Damit unterlegene Fische nicht gejagt

Schmerlen und Fransenlipper

Fischart	Größe	Becken	Wassertyp	Temperatur	Foto
Prachtschmerle *Botia macracanthus*	25 cm	150 cm	1 – 5	25 – 30 °C	S. 2/3
Schachbrettschmerle *Botia sidthimuncki*	6,5 cm	60 cm	2 – 6	26 – 29 °C	Umschlag hinten
Getigerte Dornaugen *Pangio-Arten*	6 bis 12 cm	60 cm	1 – 5	26 – 30 °C	S. 22 Mitte
Saugschmerle *Gyrinocheilus aymonieri*	25 cm	120 cm	2 – 6	24 – 28 °C	S. 113
Siamesische Rüsselbarbe *Crossocheilus siamensis*	15 cm	100 cm	2 – 5	24 – 28 °C	S. 22 unten
Flossensauger *Gastromyzon spec.*	ca. 6 cm	50 cm	2 – 5	22 – 24 °C	S. 23
Feuerschwanz *Epalzeorhynchus bicolor*	15 cm	100 cm	2 – 6	23 – 28 °C	S. 22 oben

werden, sollte jedes Tier einen Unterschlupf haben. Feuerschwänze einzeln halten.
Ernährung: Trockenfutter (als Futtertabletten), sowie je nach Art kleineres oder größeres Lebendfutter. Pflanzliche Nahrung für Saug- und Rüsselschmerlen, aber nicht für Flossensauger.
Vergesellschaftung: Fische der mittleren und oberen Wasserschichten. Keine revierbildenden Buntbarsche. Mehrere Flossensauger allein halten, weil andere Arten ihnen das Futter wegfressen und sie deshalb leicht verhungern.

Bild links oben: Feuerschwänze *(Epalzeorhynchus bicolor)*.

Bild links Mitte: Dornauge, hier *Pangio kuhlii*.

Bild links unten: Siamesischer Rüsselbarbe *(Crossocheilus siamensis)*.

Bild rechts: Flossensauger aus der Gattung *Gastromyzon*.

Lebendgebärende

Unterscheidungsmerkmale: Die hier aufgeführten Arten gehören zu den beiden nicht näher verwandten Familien der Lebendgebärenden Zahnkarpfen und der Halbschnabelhechte. Männchen beider Familien besitzen eine zu einem Begattungsorgan umgestaltete Afterflosse, die bei den Lebendgebärenden Zahnkarpfen Gonopodium heißt.

Lebensweise in der Natur: Alle Arten außer dem südostasiatischen Halbschnabelhecht sind extrem lebhafte Schwarmfische, die in ihrer mittelamerikanischen Heimat in sonnendurchfluteten Gewässern leben. Dort bevorzugen sie harte, alkalische Gewässer; in Küstennähe leben manche Arten sogar in leicht salzigem Brackwasser.

Bild oben: Platies *(Xiphophorus maculatus)* gibt es in verschiedenen Zuchtformen.

Bild unten: Fächerschwanz-Guppy *(Poecilia reticulata)*.

Schwertträger *(Xiphophorus helleri)* schwimmen sich gerne in großen Becken aus.

Eine Ausnahme bildet der Guppy, der aus Weichwasserbächen im Osten Südamerikas kommt. Guppy und Zwergkärpfling ernähren sich vor allem von verschiedenen kleinen Nahrungstieren, die sie frei im Wasser erbeuten, aber auch von pflanzlicher Nahrung. Der asiatische Halbschnabelhecht lauert direkt unter der Wasseroberfläche Insekten auf. Die anderen Arten fressen Algen, die sie mit ihrem spitzen Maul von harten Oberflächen abzupfen.

Fortpflanzung: Alle gezeigten Arten gebären voll entwickelte Jungfische. Allerdings sind die Jungen im Mutterleib noch von einer Eihülle umgeben. Erst kurz vor der Geburt schlüpfen sie noch im Mutterleib aus den Eiern. In einem bepflanzten und nicht zu dicht besetzten Aquarium überleben immer einige Jungfische. Um die Ausbeute zu erhöhen, setzt man trächtige, sehr dicke Weibchen vorsichtshalber in ein kleines dicht bepflanztes Becken oder einen speziellen

Ablaichkasten (im Zoofachgeschäft erhältlich), bis die Jungen geboren sind. Danach setzt man die Mutter zurück ins Haltungsbecken, damit sie nicht ihre Jungen auffrißt. Die Jungen fressen sofort nach der Geburt fein zerriebenes Trockenfutter.

Geschlechtsunterschiede: Männchen sind kleiner und farbiger als die Weibchen. Sie haben eine penisartige Afterflosse.

Pflege: Helle, geräumige Becken mit mittelhartem bis hartem Wasser bieten die besten Voraussetzungen. Hier entwickeln sich auch Algen, die zu einer ausgewogenen Ernährung der meisten Arten beitragen. Ein Salzzusatz (1 Teelöffel pro 10 Liter) ist für die Segelkärpflinge und die Black Mollies wichtig. Alle Arten sind gesellig. Es sollten daher mindestens 5 Fische einer Art gepflegt werden. Gut ist es, wenn die Weibchen in der Überzahl sind, damit das einzelne Weibchen nicht zu stark von den Männchen bedrängt wird.

Eine Bepflanzung des Aquariums bietet den Weibchen Schutz und läßt auch immer einige Jungfische im Dickicht überleben.

Lebendgebärende

Fischart	Größe	Becken	Wassertyp	Temperatur	Foto
Guppy *Poecilia reticulata*	6 cm	60 cm	2 – 5	24 – 30 °C	92/93, 24 u., Umschlag hinten
Black Molly *Poecilia sphenops var.*	8 – 12 cm	80 cm	5 – 6	26 – 29 °C	S. 26 oben
Segelkärpfling *Poecilia velifera*	15 cm	120 cm	6	25 – 28 °C	S. 26 unten
Schwertträger *Xiphophorus helleri*	12 cm	100 cm	5 – 6	22 – 28 °C	S. 25
Platy *Xiphophorus maculatus*	6 cm	60 cm	5 – 6	21 – 25 °C	S. 24 oben
Papageienplaty *Xiphophorus variatus*	6 cm	60 cm	5 – 6	22 – 25 °C	S. 26 Mitte
Zwergkärpfling *Heterandria formosa*	3,5 cm	40 cm	5 – 6	18 – 30 °C	– – – – –
Halbschnabelhecht *Dermogenys siamensis*	7 cm	80 cm	5 – 6	24– 28 °C	– – – – –

Bild oben: Black-Mollies *(Poecilia sphenops var.)* sind bei niedrigen Temperaturen krankheitsanfällig.

Bild Mitte: Papageienplaty *(Xiphophorus variatus)*.

Bild unten: Segelkärpflinge *(Poecilia velifera)* lieben Grünfutter.

Ernährung: Die hier genannten Arten lassen sich mit Trockenfutter mit einem hohen pflanzlichen Anteil, gut ernähren. Regelmäßige Lebendfuttergaben (Wasserflöhe, Hüpferlinge, kleine Mückenlarven) erhöhen die Vitalität. Eine starke Beleuchtung sorgt für gutes Algenwachstum. Halbschnabelhechte brauchen Fruchtfliegen oder andere kleine Insekten, um sich wohlzufühlen.

Vergesellschaftung: Mit allen bodenorientierten oder anderen friedlichen Schwarmfischen der mittleren und oberen Beckenbereiche, die hartes, alkalisches Wasser vertragen. Gut passen auch nicht zu große mittelamerikanische und ostafrikanische Cichliden. Halbschnabelhechte und Zwergkärpflinge mit ebenfalls kleinbleibenden Arten in dicht bepflanzten Becken vergesellschaften.

Regenbogenfische und Verwandte

»Kinder der Morgensonne« sind die lebhaften Regenbogenfische und ihre Verwandten. Besonders in den Morgenstunden zeigen sie die intensivsten Farben und verhalten sich am lebhaftesten.

Unterscheidungsmerkmale: Im Gegensatz zu anderen Schwarmfischen besitzen Regenbogenfische, Blauaugen und Sonnenstrahl-Ährenfische zwei Rückenflossen, aber keine Fettflosse.

Lebensweise in der Natur: Alle genannten Arten besiedeln klare Bäche, Flüsse oder Seen mit dichtem Pflanzenwuchs in Australien, Neuguinea und Sulawesi. Dort ernähren sie sich von Kleintieren des freien Wassers, Insekten oder sie zupfen an Algen.

Fortpflanzung: Regenbogenfische legen relativ große Eier vor allem an Pflanzen ab. Sie betreiben keine Brutpflege.

Geschlechtsunterschiede: Die Männchen sind ausgewachsen wesentlich bunter als Weibchen.

Pflege: Die sehr schwimmfreudigen Fische brauchen geräumige Aquarien mit viel freiem Schwimmraum, aber auch mit dichtem Pflanzenwuchs. Alle Arten fühlen sich in gut

Bild oben: Sonnenstrahl-Ährenfisch *(Telmatherina ladigesi).*

Bild links: Lachsroter Regenbogenfisch *(Glossolepis incisus).*

Gabelschwanz-Blauauge *(Pseudomugil furcatus)*.

beleuchteten Becken wohl und brauchen unbedingt den Schwarm.
Ernährung: Hochwertiges Trockenfutter mit Grünanteil als geeignete Grundnahrung. Empfehlenswert sind zusätzlich lebende oder gefrorene Artemia oder Hüpferlinge.
Vergesellschaftung: Mit bodenorientierten Fischen oder anderen lebhaften Fischen, die die gleichen Wasser- und Lichtansprüche stellen. *Iriatherina* sollte man alleine oder nur mit anderen zarten Arten zusammen halten.

Regenbogenfische und Ährenfische

Fischart	Größe	Becken	Wassertyp	Temperatur	Foto
Diamant-Zwergregenbogenfisch *Melanotaenia praecox*	6 cm	80 cm	2 – 5	23 – 28 °C	S. 62/63
Boesemans Regenbogenfisch *Melanotaenia boesemani*	14 cm	120 cm	5 – 6	23 – 26 °C	Umschlag vorne
Lachsroter Regenbogenfisch *Glossolepis incisus*	15 cm	120 cm	5 – 6	22 – 25 °C	S. 28 unten
Werners Regenbogenfisch *Iriatherina werneri*	5 cm	60 cm	2 – 6	25 – 27 °C	S. 121
Gabelschwanz-Blauauge *Pseudomugil furcatus*	6,5 cm	60 cm	2 – 5	24 – 27 °C	S. 29
Sonnenstrahl-Ährenfisch *Telmatherina ladigesi*	7 cm	80 cm	5 – 6	25 – 28 °C	S. 28 oben

Welse

Possierliche Panzerwelse und skurile Harnischwelse fehlen in fast keinem Gesellschaftsbecken. Sie sind nicht nur als »Saubermänner« und Algenputzer nützlich, sondern bilden auch einen interessanten Kontrast zu bunten Schwarmfischen im freien Wasser. Welse lassen sich jedoch nicht so ganz »nebenbei« pflegen, sondern haben jeweils eigene Ansprüche.

Unterscheidungsmerkmale: Welse haben keine Schuppen, sondern sind entweder nackt (Fiederbartwelse, Glaswelse und Engelswelse) oder mit großen Knochenplatten bedeckt (Panzerwelse, Harnischwelse). Am Maul befinden sich Barteln, die bei Arten mit Saugmaul (vor allem die Harnischwelse) allerdings sehr klein ausfallen können.

Lebensweise in der Natur: Die meisten Arten leben am Bodengrund und ernähren sich dort je nach Art von den verschiedensten

Bild oben: Sterbas Panzerwelse *(Corydoras sterbai)*.

Bild links: Der Kuckuckswels (*Synodontis mulitpunctatus)* läßt seine Eier von Buntbarschen ausbrüten (→ Seite 104).

Bild oben: Sichelfleck-Zwergpanzerwelse *(Corydoras hastatus)* schwimmen gerne im freien Wasser.

Bild rechts: Metallpanzerwelse *(Corydoras aeneus)* gründeln gern im Mulm.

Nahrungsquellen: Panzerwelse fressen in südamerikanischen Bächen und Flüssen kleine Insektenlarven und Würmer. Die ebenfalls südamerikanischen Harnischwelse raspeln Algen oder kleine Tiere, die zwischen den Algen leben, mit ihrem bezahnten Saugmaul ab. Nur der Zwergpanzerwels und der asiatische Glaswels leben zwischen Pflanzen im freien Wasser ruhiger Gewässer und fressen Wasserflöhe und andere Kleintiere. Viele Arten, wie die afrikanischen Fiederbartwelse, sind nachtaktiv und finden sich auch nachts oder im trüben Wasser bei wenig Licht zurecht. Mit Hilfe der Barteln (besonders lang beim peruanischen Engelswels) können Welse die Umwelt ertasten und sogar schmecken. Die Regenzeit ist für die meisten Welse Paarungszeit.

Fortpflanzung: Soweit bekannt, legen alle Arten relativ große, haftende Eier, die aber nur bei manchen Arten von den Männchen erbrütet werden.

Geschlechtsunterschiede: Nicht immer leicht zu erkennen. Erwachsene Männchen sind schlanker als die Weibchen. Viele, aber nicht alle Harnischwels-Männchen entwickeln imposante *(Ancistrus)* oder relativ unauffällige Auswüchse am Kopf.

Pflege: Auch wenn sie oft nur zusätzlich als

»Müllmänner« gehalten werden, so haben sie doch spezielle Bedürfnisse, die oft übersehen werden. Für die geselligen Panzerwelse besonders wichtig ist ein weicher Bodengrund aus Sand oder feinem, rundem Kies, damit sie sich beim Gründeln im Boden nicht ihre empfindlichen Barteln verletzen. Alle Arten brauchen Rückzugsmöglichkeiten zum Ruhen. Die geselligen Glaswelse, Panzerwelse und Otocinclus (mindestens 5 einer Art zusammen pflegen!) mögen dichten Pflanzenwuchs. Bei allen anderen Arten schaffen Wurzeln mit ihren Verzweigungen und Höhlen für jedes Einzeltier einen Rastplatz, der sie vor zudringlichen Artgenossen schützt. Keinen Ruheplatz braucht der ständig umherschwimmende Engelswels, der ebenfalls die Gesellschaft von mehreren Artgenossen liebt. Dem Tanganyika-Fiederbartwels bietet man am besten Steinhöhlen an, weil Wurzelholz das Wasser ansäuern würde. Alle Arten lieben gedämpftes Licht.

Ernährung: Auch wenn Welse viele Reste im Aquarium vertilgen, brauchen sie doch zusätzliche Nahrung, denn sonst verhungern sie langsam. Am

Langflossen-Harnischwelse *(Sturisoma spec.)* beim Ablaichen.

Bild links oben: Schlafanzugwels *(Ancistrus cf. hoplogenys)*.

Bild links Mitte : Gefleckte Panzerwelse *(Corydoras paleatus*).

Bild links unten: Rückenschwimmender Kongowels.

besten füttert man abends kurz nach Abschalten der Beleuchtung, weil die Welse dann ungestört von anderen Fischen ihr Futter suchen können. Trockenfuttertabletten dienen als Grundnahrung für fast alle Arten (außer Glaswels). Für die Algenfresser *(Ancistrus, Otocinclus)* unersetzbar ist aber pflanzliche, ballastreiche Kost: Überbrühte Salatblätter, Kartoffelstückchen oder fast jedes andere Gemüse wird angenommen. Glaswelse brauchen kleines Lebendfutter, besonders gut geeignet sind: Artemia und Hüpferlinge. Gefrorene Kleinkrebse sollten für alle Arten ab und zu auf dem Speiseplan stehen.

Vergesellschaftung: Die hier genannten Arten lassen sich alle gut mit Schwarmfischen der oberen und mittleren

Wasserbereiche wie Salmlern, Barben und Lebendgebärenden vergesellschaften, wenn diese die gleichen Ansprüche wie die Welse an die Wasserqualität stellen. Nur bei der Vergesellschaftung von anderen bodenorientierten Arten mit Welsen muß man differenzieren. Panzerwelse und Buntbarsche schließen sich aus, weil sie sich gegenseitig stören. Kleine Harnischwelse (*Otocinclus*, Zebrawels, Hexenwelse) und Zwergbuntbarsche sind dagegen eine gute Kombination. Größere Harnischwelse (Blauer Antennenwels, aber nicht Langflossenharnischwels) und Fiederbartwelse können auch mit größeren Cichliden zusammen gepflegt werden, wenn im Becken genügend Versteckmöglichkeiten vorhanden sind. Glaswelse und der Zwergpanzerwels sind zu empfindlich, um mit robusten und lebhaften Arten vergesellschaftet zu werden.

Bild oben: *Otocinclus*-Welse sind gute Algenvertilger für kleine Aquarien.

Bild unten: Blaue Antennen-Welse *(Ancistrus cf. dolichopterus)*.

Welse

Fischart	Größe	Becken	Wassertyp	Temperatur	Foto
Metallpanzerwels *Corydoras aeneus*	6 cm	50 cm	2 – 6	25 – 28 °C	S. 31 unten
Punktierter Panzerwels *Corydoras paleatus*	7 cm	60 cm	2 – 6	18 – 23 °C	S. 32 Mitte
Sterbas Panzerwels *Corydoras sterbai*	6 cm	50 cm	2 – 5	22 – 25 °C	S. 30 oben
Zwergpanzerwels *Corydoras hastatus*	3 cm	40 cm	2 – 6	25 – 28 °C	S. 31 oben
Otocinclus *Otocinclus cf. affinis*	4 cm	40 cm	2 – 6	22 – 26 °C	S. 34 oben
Zebrawels *Hypancistrus zebra*	8 cm	50 cm	2 – 5	27 – 30 °C	Umschlag-rückseite
Schokoladen-Hexenwels *Rineloricaria spec.*	13 cm	60 cm	2 – 5	24 – 28 °C	Umschlag vorne
Blauer Antennenwels *Ancistrus cf. dolichopterus*	15 cm	80 cm	2 – 5	25 – 28 °C	S. 34 unten
Langflossenharnischwels *Sturisoma spec.*	25 cm	120 cm	2 – 5	25 – 29 °C	S. 33
Glaswels *Kryptopterus cf. minor*	7 cm	80 cm	2 – 5	24 – 28 °C	Klappe hinten
Marmorierter Fiederbartwels *Synodontis schoutedeni*	17 cm	120 cm	2 – 5	25 – 28 °C	S. 127
Perlhuhnwels *Synodontis angelicus*	25 cm	150 cm	2 – 5	24 – 28 °C	Klappe vorne
Kuckuckswels *Synodontis multipunctatus*	12 cm	120 cm	5 – 6	25 – 27 °C	S. 30 unten
Rückenschwimmender Kongowels *Synodontis nigriventis*	9,5 cm	80 cm	2 – 5	24 – 28 °C	S. 32 unten
Engelswels *Pimelodus pictus*	12 cm	120 cm	2 – 5	25 – 28 °C	– – – – – –

Cichliden allgemein

Kennzeichen: Cichliden haben im Gegensatz zu anderen barschartigen Fischen eine ungeteilte Rückenflosse mit Stachel- und mit Weichstrahlen. Sie besitzen auf jeder Kopfseite nur ein Nasenloch.

Lebensweise in der Natur: Cichliden besiedeln ganz verschiedene Lebensräume von Stromschnellen bis hin zu heißen Quellen im tropischen Süßwasser Amerikas, Afrikas und Indiens.

Fortpflanzung: Alle Arten betreiben Brutpflege. Die sogenannten Substratbrüter legen in ihrem Revier viele kleine Eier auf Holz, Steine oder Blättern ab. Beide Elternteile oder nur einer pflegen Eier und Brut mehrere Wochen lang und verteidigen das Revier. Die meisten Substratbrüter bilden Paare oder Harems (ein Männchen mit mehreren Weibchen), die längere Zeit beieinander bleiben. Maulbrüter dagegen bilden nur selten feste Paare. Sie nehmen die Eier direkt nach der Eiablage oder die Jungen zu einem späteren Zeitpunkt ins Maul, und können so die Brut mit sich umhertragen. Auch hier ist die Rollenverteilung je nach Art verschieden.

Vergesellschaftung: Zumindest während der Fortpflanzung verteidigen alle Arten ihr Revier. Andere Fischarten können dann verdrängt werden, obwohl vorher genug Raum für alle vorhanden war.

Zwergcichliden

Kleine Buntbarsche bis 10 cm, die sich wegen ihrer geringen Größe besonders für Gesellschaftsbecken eignen.

Lebensweise in der Natur: Die meisten Zwergbuntbarsche besiedeln flache, ufernahe Bereiche

Bild rechts oben: Zaire-Zwergmaulbrüter *(Pseudocrenilabrus nicholsi)*.

Bild rechts unten: Gelber Zwergbuntbarsch *(Apistogramma borellii)*.

Bild unten: Südamerikanische Schmetterlingsbuntbarsche *(Microgeophagus ramirezi)*.

mit Pflanzen, Totholz und Fallaub. Dort suchen sie z. B. nach Insektenlarven.

Pflege und Fortpflanzung: Substratbrüter paarweise (*Anomalochromis* und *Pelvicachromis* aus Westafrika, *Laetacara* und *Microgeophagus* aus Südamerika) oder ein Männchen mit mehreren Weibchen (*Apistogramma* und *Dicrossus* aus Südamerika, *Nanochromis* aus Zentralafrika, Zwergmaulbrüter aus Ostafrika) in bepflanzten Becken halten. In nicht zu dicht besetzten, bepflanzten Aquarien kommen oft einige Jung-

Bild oben: Gabelschwanz-Schachbrettbuntbarsch *(Dicrossus filamentosus).*

Bild unten: Tüpfelbuntbarsch *(Laetacara curviceps).*

fische hoch, die man zusätzlich mit Artemia-Nauplien füttert.
Geschlechtsunterschiede: Männchen größer. Bei *Pelvicachromis-* und *Nanochromis-*Arten Weibchen bunter.
Ernährung: Kleines Trocken-, Lebend- und Gefrierfutter.
Vergesellschaftung: Mit nicht revierbildenden, kleinen Fischen der mittleren und oberen Beckenbereiche.

Genetzter Prachtbuntbarsch
(Pelvicachromis taeniatus).

Zwergcichliden

Fischart	Größe	Becken	Wassertyp	Temperatur	Foto
Agassiz' Zwergbuntbarsch *Apistogramma agassizii*	10 cm	80 cm	1 – 3	26 – 29 °C	Umschlag vorne
Kakadu-Zwergbuntbarsch *Apistogramma cacatuoides*	9 cm	80 cm	2 – 6	26 – 29 °C	S. 99
Gelber Zwergbuntbarsch *Apistogramma reitzigi*	6 cm	50 cm	2 – 5	24 – 26 °C	S. 37 unten
Schachbrett-Zwergbuntbarsch *Dicrossus filamentosus*	9 cm	80 cm	1 – 2	25 – 29 °C	S. 38 oben
Tüpfelbuntbarsch *Laetacora curviceps*	8 cm	60 cm	2 – 5	26 – 30 °C	S. 38 unten
Schmetterlingsbuntbarsch *Microgeophagus ramirezi*	5 cm	50 cm	1 – 3	27 – 30 °C	S. 104
Afrikanischer Schmetterlingsbuntbarsch *Anomalochromis thomasi*	8 cm	60 cm	2 – 5	24 – 28 °C	– – – – –
Purpurprachtbuntbarsch *Pelvicachromis pulcher*	10 cm	80 cm	2 – 5	25 – 28 °C	Umschlag hinten
Genetzter Prachtbuntbarsch *Pelvicachromis taeniatus*	8,5 cm	60 cm	2 – 5	25 – 28 °C	S. 39
Zaire-Zwergmaulbrüter *Pseudocrenilabrus nicholsi*	8 cm	80 cm	3 – 6	23 – 26 °C	S. 37 oben
Zwergmaulbrüter *Pseudocrenilabrus multicolor*	8 cm	80 cm	3 – 6	23 – 27 °C	S. 118
Transvestiten-Zwergbuntbarsch *Nanochromis transvestitus*	6 cm	50 cm	1 – 3	27 – 29 °C	S. 108/109

Diskusfische und Skalare

Die Könige der Aquarienfische aus Amazonien sind in der Pflege weniger anspruchsvoll, als ihr Ruf erwarten läßt. Doch einige Grundvoraussetzungen müssen erfüllt werden.

Lebensweise in der Natur: Alle Arten sind in der Natur gesellige Tiere, die in Gruppen mit mehreren Dutzend Individuen leben. Der häufigste Aufenthaltsort solcher Gruppen befindet sich zwischen den Ästen umgestürzter Bäume, aber auch zwischen Felsen. Nur zur Fortpflanzung separieren sich einzelne Paare. Sie ernähren sich von Insektenlarven, kleinen Süßwassergarnelen und Würmern.

Pflege und Fortpflanzung: Sowohl Diskusfische als auch Skalare brauchen geräumige, mindestens 50 cm hohe Bekken. So kann man sie, entsprechend ihrer natürlichen Lebensweise, in einer kleinen Gruppe von 6 bis 8 Tieren pflegen. Hochkant aufgestellte Wurzelhölzer, dunkler Bodengrund und eine diffuse Beleuchtung imitieren die natürlichen Bedingungen. Eine Bepflanzung mit wenig lichtbedürftigen, großen Rosettenpflanzen (z. B. *Echinodorus*-Arten) vervollständigt das Bild. Bei entsprechenden Wasserwerten laichen die Fische auch im Aquarium auf einem Wurzelstück oder Blatt ab. In schwach besetzten Becken kann man dann die faszinierende Brutpflege der Diskusfische beobachten: Die Jungtiere ernähren sich eine Zeit lang vom Körperschleim der Eltern, bevor sie später auf Artemia umsteigen.

Geschlechtsunterschiede: Kaum erkennbar. Erst kurz vor dem Ablaichen erkennt man die spitz zulaufende Ablaichpapille der Männchen.

Skalare *(Pterophyllum scalare)* leben in der Gruppe und brauchen mindestens 50 cm hohe Becken.

Ernährung: Neben einer guten Wasserqualität ist die richtige Ernährung die wichtigste Pflegemaßnahme, denn falsch oder einseitig ernährte Tiere werden schnell krank. Im Handel ist Trocken- und Tiefkühlfutter erhältlich, das speziell für Diskus-

Braune Diskusfische *(Symphydodon aequifasciatus)* gibt es in unterschiedlichen Farbschlägen.

fische entwickelt worden ist und auch Skalaren gut bekommt. Diese Mischungen sollten aber kein Rinderherz und keine Milchprodukte enthalten (Verpackungsbeschriftung beachten).

Das Spezialfutter kann ausschließlich gefüttert werden. Abwechslung in den Speiseplan bringen tiefgekühlte kleine Garnelen, Hüpferlinge und kleine Mückenlarven.

Hinweis: Vermeiden Sie Tubifex und Rote Mückenlarven als Futtertiere, da man ihre schadstoffarme Herkunft nicht garantieren kann.

Vergesellschaftung: Ruhige Salmler, Zwergbuntbarsche, Harnisch- und Panzerwelse lassen sich problemlos mit Diskus und Skalaren vergesellschaften, solange der ruhige Charakter des Aquariums erhalten bleibt. Von hektischen Mitbewohnern lassen sie sich stressen.

Achtung: Skalare fressen manchmal kleine, schlanke Salmler, z. B. Neons.

Skalare und Diskus

Fischart	Größe	Becken	Wassertyp	Temperatur	Foto
Skalar *Pterophyllum scalare*	15 cm	80 cm	2 – 5	24 – 28 °C	S. 40, 96/97
Hoher Skalar *Pterophyllum altum*	18 cm	120 cm	1 – 2	27 – 29 °C	S. 117
Diskus *Symphosodon aequifasciatus*	18 cm	120 cm	2 – 4	27 – 30 °C	S. 41/Umschlag vorne

Größere Cichliden

Hier stelle ich Ihnen beliebte Arten zwischen 10 und 30 Zentimeter Körperlänge vor.

Lebensweise in der Natur: Zebrabuntbarsch und Feuermaul stammen aus klaren, mittelamerikanischen Bächen und ernähren sich vor allem von Insektenlarven, aber auch pflanzlicher Kost. Die ruhigen, aber großen Augenfleck- und Flaggenbuntbarsche besiedeln die mittleren und oberen Bereiche ruhiger südamerikanischer Gewässer mit viel Struktur (Totholz, Wasserpflanzen). Unter den drei Afrikanern sind die aggressiven Roten Cichliden auch die anpassungsfähigsten, denn sie besiedeln sowohl trübe Savannengewässer, als auch klare Regenwaldbäche. Buckelköpfe leben ausschließlich auf dem felsigen Boden der unteren Kongo-Stromschnellen.

Die Finleyi-Maulbrüter sind afrikanische Regenwald-Spezialisten mit einer Vorliebe für klare Bäche.

Pflege und Fortpflanzung: Alle Arten brauchen strukturreiche Becken, in denen auch unterlegene Tiere einen Unterschlupf finden. Dafür eignen sich am besten Steinhöhlen und -platten. Die Substratbrüter legen dort auch ihre Eier ab, der paarbildende Finleyi-Maulbrüter wechselt sich bei der Brutpflege mit seinem Partner ab.

Geschlechtsunterschiede: Männchen größer, manche mit Kopfbuckel.

Ernährung: Ballaststoffreiches Trockenfutter und kräftiges Lebend- und Gefrierfutter.

Vergesellschaftung: Nur in großen Aquarien mit mittelgroßen bis großen, ruhigen Fischen.

Bild oben: Feuermaulbuntbarsch (Thorichthys meeki).

Bild unten: Mittelamerikanische Zebrabuntbarsche *(Archocentrus nigrofasciatus)* bevorzugen hartes Wasser.

Flaggenbuntbarsche *(Mesonauta insignis)* besiedeln die oberen Beckenbereiche.

Größere Cichliden

Fischart	Größe	Becken	Wassertyp	Temperatur	Foto
Zebrabuntbarsch *Archocentrus nigrofasciatus*	15 cm	100 cm	5 – 6	23 – 27 °C	S. 42 unten
Feuermaulbuntbarsch *Thorichthys meeki*	15 cm	100 cm	3 – 6	24 – 27 °C	S. 42 oben
Flaggenbuntbarsche *Mesonauta-Arten*	bis 20 cm	ab 120 cm	2 – 5	26 – 30 °C	S. 43 links
Augenfleckbuntbarsche *Heros-Arten*	bis 30 cm	ab 120 cm	2 – 5	25 – 29 °C	Umschlag hinten
Roter Cichlide *Rote Hemichromis-Arten*	11 cm	100 cm	2 – 6	24 – 29 °C	Umschlag vorn
Buckelkopfbuntbarsch *Steatocranus casuarius*	14 cm	80 cm	3 – 6	24 – 28 °C	Umschlag vorn
Finleyi-Maulbrüter *Chromidotilapia finleyi*	10 cm	80 cm	2 – 5	24 – 27 °C	Umschlag hinten

Tanganyika-Cichliden

Mehrere hundert Cichliden-Arten leben ausschließlich im ostafrikanischen Tanganyika-See.

Lebensweise in der Natur: Alle genannten Arten leben an den unzähligen Felsriffen, die die Ufer des Sees säumen. Nur die Schneckencichliden haben den Schutz der Felsspalten aufgegeben. Im Laufe der Evolution hat sich ihre Gestalt so verändert, daß sie in den vielen leeren Schneckenhäusern, die auf dem Seeboden verstreut liegen, Unterschlupf finden. Alle Arten ernähren sich von kleinen Krebstieren und Insektenlarven.

Pflege und Fortpflanzung: Schneckenbuntbarsche benötigen zum Schutz und zur Eiablage nur einige leere Schneckenhäuser, die auf einer Schicht feinen Sandes liegen sollten. Den anderen Arten bietet man als Bruthöhle stattdessen Felsaufbauten mit vielen horizontalen und vertikalen Spalten, so daß jedes Tier Rückzugsmöglichkeiten hat.

Geschlechtsunterschiede: Die Männchen werden größer als die Weibchen (außer Schlankcichliden).

Ernährung: Eine Mischung aus Trockenfutter und tiefgefrorenen Krebstieren, sowie lebenden Artemia hat sich bewährt.

Vergesellschaftung: In großen Becken andere Tanganyika-Cichliden oder klein bleibende Schwarmfische, die hartes, alkalisches Wasser vertragen.

Bild oben: Tanganyika-Goldcichlide *(Neolamprologus leleupi)*.

Bei Schlankcichliden *(Julidochromis regani)* werden die Weibchen oft größer als die Männchen.

Bild links unten: Der Daffodil-Tanganyika-Cichlide ist mit *Neolamprologus brichardi* nah verwandt.

Tanganyika-Cichliden

Fischart	Größe	Becken	Wassertyp	Temperatur	Foto
Prinzessin von Burundi *Neolamprologus aff. brichardi*	15 cm	100 cm	5 – 6	25 – 27 °C	S. 44 unten
Getreifter Schneckencichlide *Neolamprologus multifasciatus*	5 cm	50 cm	5 – 6	25 – 27 °C	Umschlag hinten/Umschlag vorne
Gelber Tanganyikacichlide *Neolamprologus leleupi/N. longior*	11 cm	80 cm	5 – 6	25 – 27 °C	S. 44 oben
Ocellatus-Schneckencichlide *Lamprologus ocellatus*	5 cm	60 cm	5 – 6	25 – 27 °C	Umschlag hinten
Gestreifter Schlankcichlide *Julidochromis regani*	12 cm	80 cm	5 – 6	25 – 27 °C	Umschlag S. 45 oben
Nanderbuntbarsch *Altolamprologus compressiceps*	14 cm	100 cm	5 – 6	25 – 27 °C	– – – – – –

Malawi-Cichliden

Korallenfische des Süßwassers werden die Buntbarsche aus dem ostafrikanischen Malawi-See auch genannt. Mit ihren bunten Farben machen sie ihrem Namen alle Ehre.

Lebensweise in der Natur: Die meisten der häufig im Aquarium gepflegten Arten stammen aus der Felsregion des über 700 Kilometer langen Malawi-Sees. Die Arten der Gattungen *Pseudotropheus*, *Melanochromis* und *Labidochromis* weiden Algen und dazwischen lebende Nahrungstiere im sonnendurchfluteten Flachwasser von der Felsoberfläche ab. Sie fressen aber auch kleine Krebstierchen des freien Wassers. Zusammenfassend nennt man sie „Mbuna". *Aulonocara*-Arten sind dagegen ruhige Bewohner schattiger Höhlen, die im Sand verborgenen Kleintieren auflauern. *Sciaenochromis* ist ein räuberischer Sandbewohner.

Pflege und Fortpflanzung: Alle Malawi-Cichliden sind Maulbrüter im weiblichen Geschlecht. Die bunten Männchen verteidigen Reviere, in denen sie die Weibchen anbalzen und mit ihnen ablaichen. Die Paare bleiben aber nicht zusammen. Man pflegt immer ein Männchen mit mehreren Weibchen, damit einzelne Weibchen nicht zu stark bedrängt werden.

Geschlechtsunterschiede: Männchen bunter. Männchen haben Eiflecken, die die Eier der Weibchen nachahmen.

Ernährung: Pflanzenhaltiges Trockenfutter und Kleinkrebse (*Artemia*, *Mysis*, Hüpferlinge).

Vergesellschaftung: Die aggressiven Mbuna darf man mit den ruhigeren anderen Malawi-Arten nur in sehr großen Aquarien ab 150 cm vergesellschaften.

Bild oben: Die Weibchen der Johannis *(Melanochromis johannii)* sind im Gegensatz zum abgebildeten Männchen orangefarben.

***Labidochromis spec. »yellow«* gehören zu den beliebtesten Malawi-Cichliden.**

Bild links unten: Feenbuntbarsche *(Aulonocara jacobfreibergi)* brauchen ruhige Gesellschaft.

Malawi- und Viktoriasee-Cichliden

Fischart	Größe	Becken	Wassertyp	Temperatur	Foto
Johanni *Melanochromis johannii*	9 cm	100 cm	5 – 6	25 – 28 °C	S. 46 oben
Malawi-Zebrabuntbarsche *Pseudotropheus-Arten*	7 bis 13 cm	100 bis 120 cm	5 – 6	25 – 28 °C	S. 110
Azurcichlide *Sciaenochromis freyeri*	17 cm	150 cm	5 – 6	25 – 28 °C	S. 114
Feenbuntbarsch *Aulonocara-jacobfreibergi*	13 cm	100 cm	5 – 6	25 – 28 °C	S. 46 unten
Gelber Zwergmaulbrüter *Labidochromis spec. »yellow«*	10 cm	100 cm	5 – 6	25 – 28 °C	S. 47
Lodotropheus sprengerae	11 cm	100 cm	5 – 6	25 – 28 °C	- - - - -

Killifische

Unterscheidungsmerkmale: Langgestreckte, bunte Fische mit einem flachen Rücken.

Lebensweise in der Natur: Die meisten Arten leben einzeln in afrikanischen (*Aphyosemion*, *Epiplatys*), südamerikanischen (*Rivulus*) oder asiatischen (*Aplocheilus*) Regenwaldbächen, wo sie in der Deckung des Fallaubs Insekten auflauern. Leuchtaugen sind insektenfressende Schwarmfische im freien Wasser klarer Regenwaldbäche.

Fortpflanzung: Eier werden ohne Brutpflege an verschiedenen Substraten abgelegt.

Geschlechtsunterschiede: Die Männchen sind größer und farbiger.

Pflege: Mit Pflanzen und Wurzeln strukturierte, dunkle Becken bieten den aggressiven Männchen die Möglichkeit, Kleinreviere zu bilden. Leuchtaugenfische brauchen Artgenossen, Schwimmraum und leichte Strömung.

Ernährung: Fruchtfliegen, Mückenlarven und Artemia. Manche gewöhnen sich an Trocken- oder Gefrierfutter.

Vergesellschaftung: Mit gleichgroßen, nicht zu lebhaften Schwarmfischen oder kleinen Welsen. Keine Cichliden.

Killifische

Fischart	Größe	Becken	Wassertyp	Temperatur	Foto
Gardners Prachtkärpfling *Aphyosemion gardneri*	7 cm	50 cm	2 – 4	23 – 27 °C	S. 6/7
Gestreifter Prachtkärpfling *Aphyosemion striatum*	5 cm	40 cm	2 – 5	21 – 23 °C	S. 48 oben
Kap Lopez *Aphyosemion australe*	6 cm	40 cm	2 – 4	21 – 24 °C	S. 48 Mitte
Kamerun Leuchtaugenfisch *Procatopus similis*	6 cm	80 cm	2 – 5	22 – 25 °C	S. 48 unten
Zwergleuchtauge *Aplocheilichthys macrophthalmus*	3,5 cm	40 cm	2 – 5	25 – 28 °C	– – – – –
Streifenhechtling *Aplocheilus lineatus*	12 cm	80 cm	2 – 6	24 – 29 °C	S. 49
Querbandhechtling *Epiplatys dageti monroviae*	6 cm	50 cm	2 – 5	23 – 26 °C	– – – – –
Blaustreifen-Bachling *Rivulus xiphidius*	3,5 cm	40 cm	2	23 – 25 °C	S. 124

Bild links oben: Gestreifter Prachtkärpfling *(Aphyosemion striatum)*.

Bild links Mitte: Kap Lopez *(Aphyosemion australe)*.

Bild links unten: Kamerun-Leuchtauge *(Procatopus similis)*.

Bild rechts: Goldene Streifenhechtlinge.

Labyrinthfische

Unterscheidungsmerkmale: Sie haben ein von außen nicht sichtbares Zusatz-Atmungsorgan, das Labyrinthorgan.
Lebensweise in der Natur: Alle Arten ernähren sich in stehenden oder leicht fließenden Gewässern Südostasiens mit dichtem Pflanzenwuchs von kleinen Wassertieren. (Nur die Buschfische stammen aus Afrika).
Fortpflanzung: Die Männchen der hier genannten Arten bauen an der Oberfläche ein Schaumnest, in das nach einer Umschlingung der Partner die Eier gelegt werden, die in den ersten Lebenstagen vom Männchen gepflegt und verteidigt werden.
Geschlechtsunterschiede: Männchen bunter und meist größer.
Pflege: Dunkel gehaltene, dicht bepflanzte Becken ohne Strömung. Paarweise Haltung ist ideal. Mehrere Männchen nur in großen Becken halten.
Ernährung: Trockenfutter, gelegentlich Lebendfutter.
Vergesellschaftung: Ruhige Schwarmfische und Bodenbewohner. Keine Cichliden.

Bild oben: Der Honiggurami *(Colisa chuna)* ist der kleinste Fadenfisch.

Bild links: Makropoden *(Macropodus opercularis)* gehören zu den »dienstältesten« Aquarienfischen.

Knurrende Zwergguramis *(Trichopsis pumila)* können tatsächlich knurren.

Labyrinthfische

Fischart	Größe	Becken	Wassertyp	Temperatur	Foto
Siamesischer Kampffisch *Betta splendens*	6 cm	50 cm	2 – 6	23 – 28 °C	S. 4/5, Titel, U. vorne
Knurrender Zwerggurami *Trichopsis pumila*	4 cm	40 cm	2 – 6	23 – 27 °C	S. 51
Honigfadenfisch *Colisa chuna*	4,5 cm	50 cm	2 – 6	22 – 28 °C	S. 50 oben
Zwergfadenfisch *Colisa lalia*	6 cm	60 cm	2 – 6	24 – 28 °C	S. 59, U. hinten
Mosaikfadenfisch *Trichogaster leeri*	12 cm	100 cm	2 – 4	25 – 29 °C	U. hinten, Titel oben
Blauer Fadenfisch *Trichogaster trichopterus*	12 cm	100 cm	2 – 6	22 – 27 °C	S. 87
Makropode *Macropodus opercularis*	10 cm	80 cm	2 – 6	20 – 26 °C	S. 50 unten
Orange Buschfisch *Microctenopoma ansorgii*	7 cm	60 cm	2 – 5	23 – 27 °C	– – – – –

Fische aus weiteren Gruppen

Die beiden Grundelarten aus Südostasien und Neuguinea lassen sich zu mehreren schon in sehr kleinen Becken pflegen. Goldringelgrundeln brauchen als Brackwasserfische einen Salzzusatz (jodfreies Speisesalz ohne Zusätze; 2 Teelöffeln pro 10 Liter). Die Fische nicht mit anderen Arten vergesellschaften!
Den Blaubarsch aus Südostasien wie Labyrinthfische pflegen, allerdings bauen die Männchen kein Schaumnest. Kleines Lebendfutter füttern.
Der Glasbarsch aus Asien ist ein Schwarmfisch, den man mit Hüpferlingen und *Artemia* ernährt. Mit kleinen, zarten Fischen vergesellschaften.
Die Augenfleck-Stachelaale aus Südostasien führen ein heimliches Leben in strukturreichen Becken. Sie lassen sich mit verschiedenem Gefrierfutter ernähren.
Der Grüne Messerfisch lebt gruppenweise in Amazonien unter Schwimmpflanzendecken, die er auch im Aquarium braucht. Vergesellschaftung nur mit Bodenbewohnern, aber keinen Cichliden. Verschiedenes Lebend- und Gefrierfutter füttern.

Bild links oben:
Goldringelgrundel
(Brachygobius doriae).

Bild links unten:
Schmetterlingsfisch
(Pantodon buchholzii).

Bild rechts oben:
Elefantenrüsselfisch
(Gnathonemus petersii).

Afrikanische Messerfische
(Xenomystus nigri).

Der Elefanten-Rüsselfisch aus afrikanischen Flüssen kann wie der Grüne Messerfisch mit schwachen elektrischen Entladungen die Umgebung erkunden und sich so mit Artgenossen unterhalten. Die nachtaktiven, untereinander aggressiven Tiere ziehen sich tagsüber in ihr Versteck (z. B. Tonröhre) zurück. Kein Trokkenfutter; nachts mit gewässerten Tubifex füttern.
Der Braune Messerfisch aus Westafrika lebt in schilfreichen Gewässern. Pflege wie beim Elefanten-Rüsselfisch. Mit grobem Lebendfutter ernähren.
Der Schmetterlingsfisch aus westafrikanischen Sümpfen frißt in der Natur und im

Aquarium große Insekten von der Wasseroberfläche. Mit ruhigen Fischen der unteren Bereiche vergesellschaften, die eine Abschattung durch Schwimmpflanzen lieben. Nimmt kein Trockenfutter.

Der Kamm-Kugelfisch aus Asien liebt pflanzenreiche Becken und ernährt sich ausschließlich von Lebendfutter, vor allem kleinen Schnecken. Nicht mit anderen Arten vergesellschaften!

Der Flösselaal aus Westafrika ist ein Sumpfbewohner, der gesellig am Boden in pflanzen- und versteckreichen Aquarien lebt. Aquarien extrem dicht abdecken. Grobes Lebend- und Gefrierfutter füttern.

Die Süßwasserflundern aus Südamerika brauchen sandigen Bodengrund, auf dem sie nicht von anderen Bodenbewohnern gestört werden. Notfalls nachts füttern, damit sie ans Futter kommen.

Bild oben: Glasbarsch *(Chanda ranga)*.

Bild Mitte: Grüne Messerfische *(Eigenmannia virescens)*.

Bild unten: Flösselaal *(Erpetoichthys calabaricus)*.

Fische aus weiteren Gruppen

Fischart	Größe	Becken	Wassertyp	Temperatur	Foto
Goldringelgrundel *Brachygobius doriae*	3,5 cm	40 cm	5,6	27 – 30 °C	S. 52 oben
Pastellgrundel *Tateurndina ocellicauda*	5 cm	40 cm	2 – 5	26 – 29 °C	S. 73
Blaubarsch *Badis badis*	6 cm	50 cm	2 – 6	25 – 28 °C	U. vorne
Glasbarsch *Chanda ranga*	5 cm	50 cm	5,6	25 – 29 °C	S. 54 oben
Augenfleck-Stachelaal *Macrognathus aculeatus*	25 cm	100 cm	2 – 5	24 – 28 °C	S. 77
Grüner Messerfisch *Eigenmannia virescens*	35 cm	150 cm	2 – 5	25 – 29 °C	S. 54 Mitte
Elefanten-Rüsselfisch *Gnathonemus petersii*	23 cm	120 cm	2 – 5	24 – 28 °C	S. 53 oben
Schmetterlingsfisch *Pantodon buchholzii*	12 cm	100 cm	2 – 5	27 – 30 °C	S. 52 unten
Brauner Messerfisch *Xenomystus nigri*	23 cm	150 cm	2 – 5	26 – 29 °C	S. 53 unten
Kamm-Kugelfisch *Carinotetraodon lorteti*	6 cm	50 cm	2 – 4	24 – 28 °C	S. 100
Flösselaal *Erpetoichthys calabaricus*	37 cm	100 cm	2 – 5	26 – 29 °C	S. 54 unten
Süßwasserflundern *Achirus-Arten*	ca. 10 cm	60 cm	2 – 5	26 – 29 °C	– – – – –

Richtig halten und pflegen

Farbenpracht und Vitalität Ihrer Fische sind die sichersten Anzeichen dafür, daß Sie ihnen optimale Pflegebedingungen bieten.

Lebenselement Wasser

Die Qualität des Aquarienwassers bestimmt die Lebensqualität der Zierfische, die darin leben. Damit die Fische nicht krank werden, muß das Aquarienwasser stets sauber sein, und es müssen die für die jeweiligen Fische zuträglichen Wasserwerte eingehalten werden.

Wasser hat viele Eigenschaften

Jedes Lebewesen im Wasser braucht einen bestimmten »Cocktail« an im Wasser gelösten Stoffen, um sich wohlzufühlen.
Die für die Wasserqualität im Aquarium wichtigen Faktoren sind der Gehalt an biologischen Abfallstoffen (vor allem Nitrat), der Gehalt an sogenannten Härtebildnern (Wasserhärte), der Säuregrad (pH-Wert) und der Gehalt an den Gasen Sauerstoff und Kohlendioxid. Weil diese Stoffe nicht mit dem bloßen Auge erkennbar sind, wird deren Gehalt mit einfachen chemischen Mitteln aus dem Zoofachhandel gemessen. Auf der Basis dieser Messungen können Sie dann feststellen, ob und wie das Wasser verändert werden muß, damit es für das Aquarium tauglich wird.

Der Weg des biologischen Abfalls im Aquarium

Giftige biologische Abfallprodukte im Aquarienwasser entstehen durch Urin und Kot der Fische, verfaulende Futterreste sowie verwesende Tiere und Pflanzen. Sie werden durch nützliche Bakterien im Boden, im Wasser und vor allem im Aquarienfilter in einer chemischen Reaktionskette zu einem Endprodukt abgebaut, dem Nitrat (NO_3). Das Nitrat ist schädlich und kann nicht weiter abgebaut werden. Zwar nutzen Wasserpflanzen Nitrat als Dünger und entziehen es so dem Aquarienwasser, doch normalerweise reicht deren Wachstum nicht aus, um den Nitratwert niedrig zu halten. Nitrat muß daher regelmäßig aus dem Aquarium entfernt werden.

Nitrat (NO_3) messen und entfernen

Mit im Zoofachhandel erhältlichen Meßstäbchen kann man einfach und schnell den Nitratgehalt messen. Werte unter 20 mg/l sind ideal. Bei Werten über 50 mg/l muß das Nirtrat durch Wasserwechsel aus dem Aquarium entfernt werden. Leider kann bereits das Trinkwasser Werte bis zu

TIP

Weil man den regelmäßigen Wasserwechsel leicht vergißt, kann man sich einen Merkzettel machen. Befestigen Sie ihn zusammen mit einem Stift in einer Plastikhülle an einer Aquarienseite. Notieren Sie darauf jeweils das Datum des letzten Wasserwechsels. So haben Sie eine gute Gedächtnisstütze.

Zwergfadenfische, *Colisa lalia*, bauen Schaumnester an der Wasseroberfläche.

Regenwaldbach im Tiefland von Kamerun. So klar und unbelastet sollte auch Aquarienwasser sein.

50 mg/l Liter aufweisen. In Gebieten mit solchem Leitungswasser (Auskunft erteilt die Stadt- oder Gemeindeverwaltung) hilft nur das Mischen von vollentsalztem und daher nitratfreiem Wasser mit Leitungswasser (→ Haltungsprobleme, Seite 114).

Die Wasserhärte

Leitungswasser kann je nach Wohnort unterschiedliche Wasserhärte haben.
Unter Wasserhärte versteht man den Gehalt an sogenannten Härtebildnern. Für die Aquaristik besonders wichtig ist die Wasserhärte, die durch sogenannte Karbonate entsteht (Karbonathärte). Diese Wasserhärte bildet zusammen mit dem Säuregrad (pH-Wert) und dem Kohlendioxidgehalt ein für die Aquaristik wichtiges Dreiecksverhältnis.
Die Karbonathärte macht normalerweise 80 Prozent der Gesamthärte aus und wird in »Grad Karbonathärte« (°dKH) angegeben. Aus der Differenz zur Gesamthärte (°dGH) ergibt sich der Rest, den man Nicht-Karbonathärte nennt.

TIP

Etwa 70% aller in diesem Buch genannten Fische und fast 100% der Pflanzen lassen sich in einem Aquarienwasser pflegen, dessen pH-Wert zwischen 6,8 und 7,5 liegt und dessen Gesamthärte (bei 80% Karbonatshärteanteil) 8 - 16 °dGH aufweist. Diese Werte bringt häufig normales Leitungswasser.

Wasser mit niedrigen Härtegraden nennt man »weich«, während »hartes« Wasser hohe Härtegrade hat.

Wasserhärte messen und verändern

Viele Fische und Pflanzen haben bestimmte Ansprüche an die Wasserhärte, besonders die Karbonathärte. Deshalb mißt man die Gesamt- und Karbonathärte des Leitungswassers mit im Zoofachhandel käuflichen Meßreagenzien. Sinnvollerweise mißt man, vor dem Einrichten des Aquariums, damit man weiß, welche Fische und Pflanzen man in seinem Leitungswasser pflegen kann.

Wasserhärte senken: Um die Wasserhärte zu senken, mischt man das Leitungswasser mit entsprechenden Teilen vollentsalzten Wassers aus der Umkehrosmoseanlage oder bei kleinen Volumen aus der Drogerie. Das richtige Verhältnis von vollentsaltztem Wasser zum Leitunswasser wird mit Hilfe der »Kreuzregel« berechnet:

- Härtegrad vollentsalztes Wasser (0°) minus gewünschtem Härtegrad ergibt Anteile vollentsalztes Wasser. (Minuszeichen weggelassen!)
- Härtegrad Leitungswasser minus gewünschtem Härtegrad ergibt Anteile Leitungswasser

Beispiel: Hat man Leitungswasser mit 16° Karbonathärtegraden (16 °dKH), und möchte ein Aquarienwasser mit 4 °dKH herstellen, mischt man 12 Teile entsalztes Wasser mit 4 Teilen Leitungswasser.

Ist die Wasserhärte einmal im Aquarium eingestellt, verwendet man bei jedem Wasserwechsel Wasser mit dem gleichen Mischverhältnis.

Wasserhärte erhöhen: Man gibt pro 100 Liter Wasser 3,0 Gramm Natriumhydrogencarbonat (aus der Apotheke) ins Aquarium, um 1 °dKH Erhöhung zu erreichen.

Der Säuregrad (pH-Wert)

Im Wasser sind nicht nur Härtebildner gelöst, sondern auch Säurebildner.

Je nach Säuregehalt bezeichnet man ein Wasser als sauer, neutral oder alkalisch (= basisch). Man gibt den Säuregrad in sogenannten pH-Werten an. Ein pH-Wert unter 7 kennzeichnet saures Wasser.

Einen pH-Wert über 7 bezeichnet man als alkalisches Wasser. Wasser mit einem ph-Wert von 7 ist neutral.

Diamant-Zwergregenbogenfische (*Melanotaenia praecox*) in einem kleinen Aquarium.

Die meisten Aquarienfische fühlen sich bei pH-Werten zwischen 6,5 und 7,5 wohl, einige haben aber spezielle Ansprüche.

Wichtiger als der pH-Wert selbst, ist der Gehalt an Stoffen, die sich auf den pH-Wert auswirken. Im Aquarium wird der pH-Wert vor allem von zwei Stoffen bestimmt, dem Kohlendioxid und den Karbonathärtebildnern. Diese beiden Stoffe beinflussen sich gegenseitig, wenn sie im Wasser gelöst sind: Kohlendioxid reagiert sauer, Karbonate alkalisch. Vereinfacht gilt also, daß eine hohe Karbonathärte zu hohen pH-Werten führt, ein hoher Kohlendioxidgehalt den pH-Wert aber erniedrigt. Zusätzlich wirken Huminstoffe, die z. B. in Torf enthalten sind, pH-Wert senkend.

pH-Wert messen: Für eine genaue Messung bzw. eine elektronische pH-Regulierung sind elektronische pH-Meter nötig (→ Kohlendioxidanlage, Seite 68). Im Zoofachhandel sind sogenannte Dauer-pH-Meter erhältlich, die jedoch relativ grob messen.

pH-Wert verändern: Da der pH-Wert vor allem durch die Karbonathärte und den Kohlendioxidgehalt im Wasser

beinflußt wird, läßt er sich durch die Veränderung des Gehalts dieser beiden Stoffe einstellen (Wasserhärte messen und verändern, Seite 61 und Das Kohlendioxid, unten). Eine Alternative, um den pH-Wert zu ändern, bietet die Filterung über Torf (→ Filtermaterialien, Seite 71).

Das Kohlendioxid (CO_2)

Dieses in der Luft enthaltene Gas erfüllt zwei wichtige Funktionen, wenn es im Aquarienwasser gelöst ist: Zum einen ist es der wichtigste Säurebildner und beinflußt so den pH-Wert, zum anderen dient es als wichtiger Pflanzennährstoff. Pflanzen brauchen Kohlenstoff, um mit Hilfe des energiespendenden Lichts Körpersubstanz aufzubauen. Diesen dringend benötigten Kohlenstoff holen sie sich aus dem im Wasser gelösten Kohlendioxid.

Kohlendioxidgehalt ermitteln und erhöhen: Da die Karbonathärte und der pH-Wert in einer chemischen Beziehung

Brillantsalmler (*Moenkhausia pittieri*) entfalten ihre ganze Farbenpracht nur in sauberem Aquarienwasser.

Können Fische ertrinken?

Ja, manche Fische können tatsächlich ertrinken. Jeder Fisch braucht Sauerstoff zum Atmen. Die meisten nehmen ihn aus dem Wasser. Es gibt aber auch Fische, die sich Sauerstoff aus der Luft holen. Solche Fische, zum Beispiel Labyrinthfische, besitzen dafür ein besonderes Organ. Es funktioniert so ähnlich wie unsere Lungen. Verhindert man, daß solch ein Fisch an die Wasseroberfläche kommt, um dort Luft zu atmen, muß er »ertrinken«. Labyrinthfische leben oft in warmen Sümpfen. Dort ist im Wasser kaum Sauerstoff enthalten. Deshalb müssen sie zum Atmen an die Wasseroberfläche kommen. Es gibt nur wenige Fische, die es schaffen, in warmen Sümpfen zu leben.

miteinander stehen, läßt sich aus diesen beiden Werten der Kohlendioxidgehalt ermitteln (→ Tabelle, Seite 69). Vergleicht man mehrere CO_2-Werte aus dem gleichen Aquarium, ist es wichtig, daß immer zur gleichen Tageszeit gemessen wurde, weil sich die Werte im Tageslauf verändern (morgens ist noch wenig CO_2 verbraucht). Für einen kräftigen Pflanzenwuchs sollten etwa 15 – 20 mg/l im Wasser enthalten sein. Unter 10 mg/l sollte er in bepflanzten Aquarien nicht fallen. Falls nötig, düngt man mit speziellen Düngegeräten (→ Seite 72).

Der Sauerstoff

Sauerstoff brauchen Fische und Pflanzen zum Atmen. Normalerweise ist immer genug im Wasser vorhanden, wenn die Wasseroberfläche vom Filterauslauf bewegt wird, das Becken nicht überbesetzt ist und nicht zuviel gefüttert wird (verfaulendes Futter verbraucht Sauerstoff). Auch hohe Temperaturen bewirken eine Reduktion des Sauerstoffgehalts, weil sich in warmem Wasser weniger Sauerstoff löst als in kaltem.

Guter Pflanzenwuchs sorgt tagsüber zusätzlich für Sauerstoff, denn bei Licht bauen sie Kohlendioxid so um, daß dabei Sauerstoff frei wird - und zwar mehr als die Pflanzen selbst für ihre Atmung verbrauchen.

Nachts allerdings verbrauchen die Pflanzen Sauerstoff genauso wie die Fische. Bei Sauerstoffmangel (Fische »stehen« träge und schnell atmend im Wasser), belüftet man stärker, senkt die Temperatur soweit für die Fische verträglich und beseitigt eventuell vorhandene Fäulnisherde.

Die Technik – ein Muß fürs Aquarium

Anders als in der Natur ist die Wasserwelt im Aquarium nicht ohne den Eingriff des Menschen lebensfähig. Klares Wasser, die richtige Temperatur, ausreichend Licht und Nährstoffe für Fische und Pflanzen schafft man im Aquarium durch den Einsatz von Technik.

Das Glasbecken

Am besten bewährt hat sich das mit Silikonkautschuk verklebte, rahmenlose Ganzglasaquarium. Der Zoofachhandel bietet es in verschiedenen Standardmaßen bis zu einer Länge von über 3 Metern an.
Die Silikonverklebung ist sehr haltbar, denn der Kautschuk ist mit dem Glas chemisch so verbunden, als ob zwei Glasstücke miteinander verschmolzen wären. Zudem ist die Verklebung elastisch und puffert so Verspannungen durch kleine Unebenheiten ab, die sonst zu einem Glasbruch führen würden.
Die Wahl der Farbe (schwarz oder durchsichtig) und Art (stoß oder rundverklebt) der Verklebung spielt für Zimmeraquarien nur eine ästethische Rolle. Wichtig dagegen ist, daß Sie ein Becken mit einer Dichtigkeits-Garantie gekauft

Naturnahes Aquarium mit Keilfleckbärblingen *(Rasbora neugeli)*.

haben. Diese Garantie bürgt für sorgfältige Verarbeitung.

Die Beckengröße richtet sich nach den Mindestansprüchen der Fische (→ Steckbriefteil, ab Seite 14) und dem Platz, den Sie zur Verfügung haben. Grundsätzlich gilt: Ein größeres Wasservolumen reagiert weniger empfindlich auf Pflegefehler. Allerdings wiegt ein Liter Wasser auch ein Kilogramm, weswegen man bei großen Becken auf die Belastbarkeit des Bodens und des Unterschranks achten muß (evtl. Statiker fragen!).

Die Literzahl eines Aquariums läßt sich wie folgt berechnen:

Länge x Tiefe x Höhe
in cm = Liter : 1000

Ein Becken mit 60 x 30 x 36 cm faßt demnach 64,8 Liter. Bei gleicher Länge bieten die Standardmaße des Handels verschiedene Beckentiefen und -höhen. Bodenbewohnende und revierbildende Fische bevorzugen tiefere Becken, während von der Körperform her hohe Fische (z. B. Skalare) hohe Aquarien brauchen. Sonderanfertigungen sind möglich.

TIP

Es ist ratsam, immer ein kleines zweites Aquarium bereit zu halten. Sehr hilfreich ist es z. B., wenn einzelne Fische krank sind und gesondert behandet werden müssen. Ebenso praktisch ist es für die Aufzucht von Jungfischen und als Quarantänebecken, wenn Sie vermuten, kranke Fische gekauft zu haben.

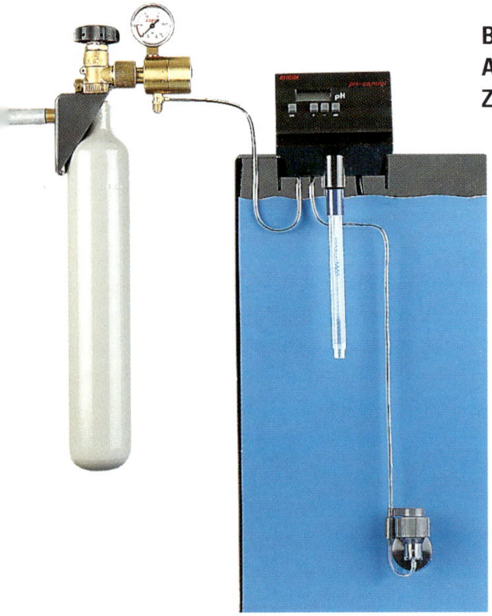

Bild links: Kohlendioxiddünge-Anlage mit automatischer CO_2-Zufuhr-Regelung, die durch das pH-Meßgerät gesteuert wird.

Motor-Innenfilter mit Schaumstoffpatrone für kleine Aquarien.

Bild rechts: Intervall-Außenfilter versorgen die Filterbakterien optimal mit Sauerstoff.

CO_2-Anlage einrichten und betreiben

1. Schritt:
Karbonathärte des Aquarienwassers messen: Gewünschten CO_2-Gehalt bei gemessener Karbonathärte in der Tabelle unten auswählen und den dazugehörigen pH-Wert bestimmen. Der ermittelte pH-Wert muß mit den Bedürfnissen der gepflegten Fische und Pflanzen übereinstimmen. Falls der gewünschte CO_2-Wert bei gemessener Karbonathärte im fischtauglichen pH-Bereich nicht erreicht werden kann, muß die Karbonathärte verändert werden. (normalerweise auf Werte zwischen 3 ° und 12 ° Karbonathärte).

2. Schritt:
CO_2-Anlage montieren: Kohlendioxidanlage inklusive pH-Tester (Farbindikator und bei elektronischer CO_2-Regulierung Meßelektrode) komplett nach mitgelieferter Anleitung montieren.

3. Schritt:
Bei manueller pH-Regulierung: Ventil der CO_2-Flasche leicht öffnen, so daß im Blasenzähler ca. 10 Blasen pro Minute gezählt werden. pH-Wert nach 3 Stunden überprüfen, die CO_2-Zufuhr bei zu hohem Wert erhöhen oder bei zu niedrigem Wert erniedrigen. Maßnahme in 3 Stunden-Schritten wiederholen, bis der ausgewählte pH-Wert erreicht wird.
Bei elektronischer pH-Regulierung: Ventil der CO_2-Flasche leicht öffnen. Den ausgewählten pH-Wert als Sollwert programmieren. Wird der pH-Wert nach 3 Stunden nicht erreicht, Ventil weiter öffnen. Maßnahme in 3 Stunden-Schritten wiederholen, bis der Sollwert erreicht wird. Nach drei Tagen und dann in 6-wöchigem Abstand Meßelektrode nach Gebrauchsanweisung neu eichen.

4. Schritt: pH-Wert täglich etwa zur gleichen Tageszeit und Karbonathärte nach jedem Wasserwechsel kontrollieren; gegebenenfalls CO_2-Zufuhr bzw. Karbonathärte neu einstellen.

CO_2-Gehalt im Aquarienwasser bestimmen

pH-Wert ▶ / Karbonhärte ▼	6,4	6,6	6,8	7,0	7,2	7,4	7,6	7,8
2 °	25	16	10	7	4	3	2	1
4 °	50	32	20	13	8	5	3	2
6 °	75	50	30	20	12	8	5	3
8 °	100	65	40	25	16	10	6	4
10 °	130	80	50	32	20	13	8	5
12 °	150	100	60	40	24	15	10	6
14 °	180	115	70	45	28	18	11	7
16 °	200	130	80	50	32	20	12	8
18 °	230	145	90	58	36	23	14	9
20 °	250	160	100	65	40	25	16	10

- Tabelle bei Torffilterung nicht anwendbar. Torffilterung verfälscht das Meßergebnis, weil außer CO_2 andere Stoffe den pH-Wert beeinflussen.
- Der dunkelgefärbte Bereich zeigt die CO_2-Werte, die für Fische zu hoch sind.
- CO_2-Werte = mg/l.

Die Aufstellung des Beckens erfordert Sorgfalt. Damit die Bodenscheibe nicht springt, legen Sie eine 3 mm dicke Styroporunterlage, die so groß wie die Bodenscheibe ist, unter das Becken: diese verhindert, daß kleine Steinchen etc. zu einer punktuellen Belastung der Bodenscheibe führen, die dann springen könnte. Damit das Becken stabil steht, bietet der Handel spezielle Unterschränke an, in denen Sie auch Außenfilter und anderes Zubehör unterbringen können.
Eine Abdeckscheibe, die man passgenau vom Glaser zuschneiden läßt (Kabel- und Schlauchdurchgänge berücksichtigen!), verhindert, daß Fische ungehindert aus dem Aquarium springen und eine zu starke Wasserverdunstung entsteht. Wer eine Beleuchtung mit Abdeckhaube kauft, braucht eventuell keine Glasscheibe.

Die Filterung

Klares schadstoffarmes Wasser erreicht man durch eine effektive Filterung.
Jeder Aquarienfilter arbeitet mit zwei grundsätzlich verschiedenen Prinzipien, die aber beide gleichzeitig im gleichen Filter wirken, wenn das Aquarienwasser mit Hilfe der Filterpumpe durch das Filtermaterial geleitet wird:

- Die mechanische Filterwirkung »siebt« gröbere Schmutzpartikel mit Hilfe feinporigen Filtermaterials aus dem Wasser. Damit sind sie zwar aus dem Aquarienbecken entfernt, befinden sich aber noch im Wasserkreislauf des Aquariums. Um den herausgesiebten Schmutz endgültig aus dem Kreislauf zu nehmen, muß das Filtermaterial regelmäßig gereinigt werden. Der Zeitpunkt ist spätestens dann gekommen, wenn das Wasser nur noch langsam durch den Filter läuft.
- Die biologische Filterwirkung bedient sich der überall vorhandenen Bakterien (→ Seite 58). Sind noch keine Bakterien vorhanden (z. B. gleich nach der Neueinrichtung), entstehen hochgiftige Zwischenprodukte, die den Fischen schaden. Deshalb darf man ein frisch eingerichtetes Aquarium erst nach frühestens 2 Wochen mit Fischen besetzen. Damit möglichst viele Bakterien Platz im Filter haben, bietet man ihnen eine möglichst große Oberfläche auf dem Filtermaterial (→ Fil-

Verschiedene Filtermaterialien:
1 Filterschaum,
2 Aktivkohle,
3 Siporax®-Ringe,
4 Torf.

termaterialien, rechts). Nach 2 Wochen haben sich dann bereits soviele Bakterien angesiedelt, daß man bereits ein paar wenige Fische einsetzen kann.

■ Mit speziellen Filtermaterialien kann man zusätzlich Filtereffekte erzielen: Die chemische Filterwirkung beruht auf Eigenschaften des jeweiligen Filtermaterials, das durchfließende Aquarienwasser chemisch zu verändern. Mit Hilfe der chemischen Filterwirkung kann man z.B Giftstoffe und Medikamente (Aktivkohlefilterung) aus dem Aquarium entfernen, oder den pH-Wert senken (Torffilterung).

Filtertypen

Je nachdem, ob man den Filter im Aquarium oder außerhalb unterbringt, unterscheidet man Außen- und Innenfilter. Beide Typen lassen sich, je nach Bauart, mit mechanisch und biologisch aktiven Filtermaterialien bestücken.

In Becken bis 65 Liter haben sich motor- oder luftbetriebene Schaumstoffinnenfilter (→ Foto, Seite 68)) bewährt.

In größeren Becken setzt man besser großvolumige Topf-Außenfilter (→ Foto, Seite 68) oder starke Kreiselpumpen-Innenfilter ein.

Der Intervall-Außenfilter ist eine biologisch besonders effektive Spielart. Durch einen speziellen Mechanismus wird das Filtersubstrat in regelmäßigen Intervallen für kurze Zeit trockengelegt und mit Luft versorgt. Dadurch erhalten die Filterbakterien mehr Sauerstoff und arbeiten schneller. Manche Außenfilter, sogenannte Thermofilter, erhält man mit einer integrierten Heizung, die das durchfließende Wasser aufwärmt.

Filtermaterialien

(Blauer) Filterschaumstoff hat sich besonders bei Innenfiltern, aber auch für die oberste Schicht in Außenfiltern bewährt. Man kann ihn in einem Stück verwenden und deshalb leicht aus dem Aquarium bzw. Filtertopf herausnehmen. Wegen seiner Grobporigkeit setzt er sich nicht so schnell mit Schmutz zu, bietet aber genügend Besiedlungsfläche für Bakterien. Zudem ist er lange haltbar, weswegen er die früher häufig verwendete Filterwatte fast verdrängt hat.

Durch Keramikröhrchen, porigen Filterkies, in besonderem Maße aber Glas-Sinterringe

(Siporax®) → Zeichnung). wird eine optimale biologische Filterwirkung in Außenfiltern erreicht. Diese Filtermaterialien mit ihrer extrem großen Oberfläche bieten Bakterien großzügigen Besiedlungsraum.
Aktivkohlefilterung (→ Haltungsprobleme, Seite 112) und Filtertorf (→ Naturnahe Aquarien, Seite 109) sind chemisch wirkende Filtermaterialien.
Sie lassen sich am besten in einem Nylonnetzbeutel in Außenfiltern unterbringen (Anwendung und Filterwirkung → Seite 71).

Die Kohlendioxiddüngung

Für einen kräftigen Pflanzenwuchs sorgt Kohlendioxid (→ Seite 65). Um sinnvoll Kohlendioxid im Aquarium als Pflanzendünger oder zur pH-Senkung einzusetzen, sollten Sie den Zusammenhang zwischen Karbonathärte, pH-Wert und CO_2-Menge kennen (→ Tabelle, Seite 69).
Eine optimale CO_2-Versorgung bieten CO_2-Dünge-Geräte (im Zoofachhandel erhältlich). Alle Modelle sind, mit Ausnahme der Regeleinheit, ähnlich aufgebaut.
Das gasförmige CO_2 wird in drucksicheren Flaschen gespeichert und von dort über druckmindernde Ventile über einen Spezialschlauch dem Aquarium zugeführt.
Bei zwei Ventilen dient das zweite der Feineinstellung der abgegebenen CO_2-Menge. Damit sich das Gas im Aquarium optimal löst und nicht sofort über die Wasseroberfläche entweicht, werden in einem CO_2-Reaktor kleine Blasen auf möglichst langem Wege mit dem Aquarienwasser in Berührung gebracht (→ Foto, Seite 68). Die Regelung der zugeführten Menge wird je nach Gerät per Hand mit dem Blasenzähler oder mit einer elektronischen Regeleinheit über den pH-Wert bewerkstelligt (CO_2-Anlage einrichten und betreiben, Seite 69).
Für manuell geregelte Geräte ist eine zusätzliche Nachtabschaltung der CO_2-Zufuhr sinnvoll, da die Pflanzen nachts kein CO_2 verbrauchen.

Die Heizung

Obwohl es die meisten gängigen Aquarienfische tropisch warm brauchen, wissen die wenigsten Aquarianer, daß tropische Gewässer sehr unterschiedliche Temperaturen aufweisen können. Ein kleiner Waldbach in einer tropischen

TIP

Eine konstante Temperatur im Aquarium entspricht nicht immer den natürlichen Bedingungen. Verringern Sie deshalb einmal jährlich z. B. im Winter für etwa 3 Monate die Temperatur um 2 °C. Auf diese Weise können Sie die kühlere Regenzeit in der Natur imitieren. Viele Fische reagieren darauf mit mehr Vitalität.

Pastellgrundeln *(Tateurndina ocellicauda)* sind ruhige Fische für kleine Aquarien.

Region ist mit sicherheit wesentlich kühler als ein sonniger Tümpel der gleichen Region. Um den Ansprüchen der jeweiligen Fische und Pflanzen gerecht zu werden, setzt man thermostatgesteuerte Aquarienheizer ein, die die Wassertemperatur regulieren. Man unterscheidet drei verschiedene Grundmodelle:

Der Stabheizer besteht aus einer glasummantelten Heizspirale und wird im Aquarium untergebracht.

Beim Thermofilter ist die Heizspirale im Außenfiltertopf untergebracht. Ein Temperaturfühler befindet sich im Aquarium und ist über eine Leitung mit der Heizeinheit des Filters verbunden (→ Foto, Seite 68).

Niedervolt-Heizkabel mit Transformator und Temperaturfühler werden bevorzugt

dann angewendet, wenn man auf kräftigen Pflanzenwuchs Wert legt. Man verlegt sie im Bodengrund des Aquariums. Dort sorgen sie durch das aufsteigende warme Wasser für einen gesunden Bodenstoffwechsel und für »warme Füße« der Wasserpflanzen.
Die Heizerleistung richtet sich nach den Temperaturschwankungen in dem Raum, in dem das Aquarium aufgestellt wird. Wird in der kalten Jahreszeit regelmäßig geheizt, rechnen Sie etwa 0,5 Watt pro Liter. Nur in kalten Räumen steigert man auf 1 Watt pro Liter. Vermeiden Sie überdimensionierte Heizer, weil sie in zu kleinen Becken zu schnell aufheizen und so starke Temperaturschwankungen hervorrufen.

Die Beleuchtung

Sie ist vor allem für einen kräftigen, gesunden Pflanzenwuchs wichtig.
Als Lampen empfehlenswert sind spezielle Abdeckleuchten mit integrierten Lampenfassungen. Um die Lichtausbeute optimal zu gestalten, achten Sie darauf, daß die Lampen mit Reflektoren ausgerüstet sind.
Als Leuchtkörper für Süßwasseraquarien haben sich Leuchtstoffröhren bewährt, die in verschiedenen Lichtfarben angeboten werden. Die Wahl der Lichtfarbe spielt für ein normales Wasserpflanzenwachstum keine Rolle.
Um jedoch eine möglichst natürliche Farbwiedergabe zu erreichen, ist die Lichtfarbe »Tageslicht« optimal.
Zusätzliche »Pflanzenleuchten«, die ein blaurotes Licht

Können Fische Farben sehen?

Ja, die meisten Fische können Farben sehen. Das kann man während der Fortpflanzungszeit vor allem an den Männchen erkennen. Sie tragen dann ein besonders buntes Schuppenkleid. Damit wollen sie die Weibchen auf sich aufmerksam machen. Sie balzen um die Weibchen. Und das gelingt ihnen auch. Ein interessanter Versuch beweist, daß Fische Farben sehen. Die Weibchen des einheimischen Stichlings mögen besonders gern rote Männchen, um sich mit ihnen zu paaren. In einem Aquarium läßt sich die Beleuchtung so verändern, daß die Weibchen die roten Männchen nicht mehr erkennen. Jetzt können die Weibchen nicht mehr zwischen roten und grauen Männchen unterscheiden. Sie paaren sich nun genauso häufig mit den grauen Stichlings-Männchen wie mit den roten.

abstrahlen, erhöhen die Farbwirkung bläulich irisierender oder roter Fische. Sie sollten aber nur in Kombination mit Tageslichtröhren benutzt werden, da der violette Farbton allein unnatürlich wirkt.
Die Lichtmenge ist für ein kräftiges Pflanzenwachstum ausschlaggebend. Wer darauf keinen Wert legt und keine lichtbedürftigen Pflanzen pflegt (→ Seite 85), kann ein Becken bis 30 cm Tiefe und 40 cm Höhe mit einer beckenlangen Leuchtstoffröhre ausstatten. Bei tieferen und höheren Becken sollten Sie zwei nehmen. Erhöhen Sie für üppigen Pflanzenwuchs und lichtbedürftige Pflanzen bei kleinen Becken auf 3 bis 4 Röhren, bei großen, bis 70 cm Tiefe, auf bis zu 6 Röhren.
Bedenken Sie aber, daß ein starker Pflanzenwuchs auch mehr Düngung erfordert. Becken über 60 cm Höhe sind mit Leuchtstoffröhren nicht mehr effektiv für die Pflanzen zu beleuchten.

Sauerstoffversorgung

In normal besetzten Becken mit einer durch den Filterauslauf bewegten Oberfläche herrscht in der Regel kein Sauerstoffmangel.
Probleme können aber an heißen Sommertagen in stark besetzten Becken auftreten. Auch in pflanzenreichen Becken kann es nachts zu Sauerstoffmangel kommen, da die Pflanzen dann mehr Sauerstoff veratmen als sie produzieren.
Abhilfe schafft Belüftung mit Diffusoren, kleinen »Düsen«, die an den Wasseraustritt der Motorfilter angeschlossen werden. Alternativ können Sie Ausströmersteine verwenden, die mit einer Luftmembranpumpe betrieben werden. Bedenken Sie aber, daß Sie mit starker Belüftung und der dazugehörigen Wasserbewegung Kohlendioxid aus dem Wasser austreiben. Daher vertragen sich Belüftung und CO_2-Düngung nicht.
Bei laufender CO_2- Düngung empfehle ich deshalb den Einsatz eines Oxidators. Er versorgt das Aquarienwasser auf chemischem Weg mit Sauerstoff, indem er Wasserstoffperoxid, das gebundenen Sauerstoff enthält, in Sauerstoff und Wasser zerlegt.
Achtung: Wasserstoffperoxid vor Kindern sicher aufbewahren. Unbedingt Gebrauchsanweisung beachten (→ Wichtige Hinweise, Seite 127)!

Aquarien sinnvoll und schön einrichten

Die meisten Menschen verbinden mit einem Aquarium ein »lebendes Bild« mit einer ästethischen und beruhigenden Wirkung. Dies erreichen Sie, wenn Sie Ihre persönlichen Vorstellungen von einem schönen Aquarium mit den Bedürfnissen der Fische und Pflanzen abstimmen.

Der Bodengrund

Er erfüllt für Fische und Pflanzen wichtige Funktionen im Aquarium: Pflanzen finden Halt und Nährstoffe, und Schadstoff abbauende Bakterien leben darin. Die gesamte Bodengrunddicke im Pflanzenaquarium sollte 6 bis 8 Zentimeter betragen.

Kies und Sand

Bewährt hat sich eine 6 bis 8 cm dicke Schicht aus kalkfreiem rundkörnigem und beigem Quarzkies. Eine Körnung von 3 bis 5 mm ist optimal. Alternativ können Sie den braunen Lavakies oder schwarzen Basaltsplit erwerben. Diese Kiessorten sind scharfkantig und dürfen nicht für gründelnde Fische, z. B. Panzerwelse, verwendet werden. Eine dünne, etwa 2 cm dicke Schicht aus kalkfreiem Quarzsand eignet sich nur für Becken, in denen keine Pflanzen im Boden wurzeln. Manche Fische, z. B. Süßwasserflundern oder Schneckenbuntbarsche, brauchen ihn aber, um darin zu graben.

Wichtig: Den Bodengrund vor dem Einbringen ins Aquarium unter fließendem Wasser in einem Eimer solange spülen, bis das Wasser fast klar ist.

Depotdüngergrund: Für die unterste, 1 bis 2 cm dicke Bodenschicht in Pflanzenaquarien verwendet man Kies, der mit Langzeitdünger (Depotdünger), speziell für Wasserpflanzen, versetzt ist. Diesen Kies nicht waschen!

Die Rückwand

Rückwände, plastisch und naturnah gestaltet (→ Foto, Seite 78), vermitteln den Eindruck eines natürlichen Ufers im Aquarium.

Je nach Material müssen sie sorgfältig im Aquarium fixiert werden (Bitte Gebrauchsanweisung beachten). Für die Innenausstattung sind auch Korkrückwände aus dem Zoofachhandel geeignet. Als Außenrückwand bieten sich mit Unterwassermotiven bedruckte oder einfarbige Farbkartons (→ Foto, Seite 78), die mit Klebeband befestigt werden, an.

Augenfleckstachelaale *(Macrognathus aculeatus)* brauchen versteckreich eingerichtete Aquarien.

Fahrplan »Einrichten«

Richten Sie sich bei der Einrichtung eines Aquariums nach dem Stufenplan auf dieser Doppelseite:

1 Glasbecken auf eine Styroporunterlage stellen. Achten Sie darauf, daß der Fußboden und das Untergestell das Gewicht aushalten (→ Seite 66).

2 Installieren Sie alle technischen Geräte (Filter, Heizer, Kohlendioxid-Düngung, evtl Meßgeräte), ohne sie in Betrieb zu nehmen (→ Foto 1). Beachten Sie dabei die Gebrauchsanweisungen.

3 Falls Sie eine innenliegende Rückwand anbringen möchten, installieren Sie diese jetzt, ebenso eine Bodenheizung (→ Foto 2). Eventuell müssen Sie danach die Lage mancher Geräteteile im Aquarium nocheinmal verändern, um ihre optimale Funktion zu erhalten.

4 Falls Sie größere Felsaufbauten einbringen möchten, legen Sie dünne Styroporunterlagen auf den Aquarienboden, aber nur dort, wo große Steine aufliegen. Bringen Sie dann die Aufbauten ein, und entfernen Sie alle überflüssigen Styroporteile, weil sie sonst später aufschwimmen.

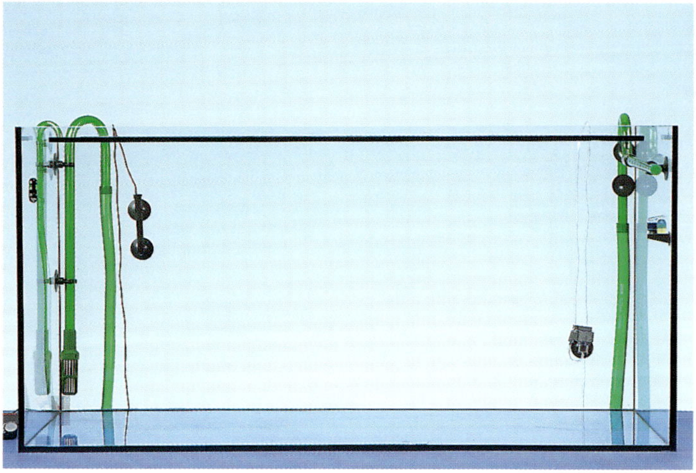

5 Bringen Sie in Pflanzenaquarien eine etwa 2 cm dicke Schicht Kies mit Depotdünger ein und streichen Sie sie glatt. Darauf kommt eine 4 bis 6 cm dicke Schicht Kies.

Foto 1: Technik installieren.
Foto 2: Rückwand, Bodenheizung, Depotdünger und Kies einbringen.

Foto 3: Wurzeln und Steine einbringen, 1/3 Wasser einfüllen, Pflanzen einbringen.
Foto 4: Wasser auffüllen.

6 Bringen Sie nun kleine Steine und Wurzeln ein. Falls Sie mit Aufsitzerpflanzen arbeiten (→ Seite 82), müssen diese vorher mit Baumwollfaden an Steinen und Wurzeln befestigt werden. Lassen Sie dann vorsichtig etwa 1/3 temperiertes Wassers ein (Wasserwerte beachten!). Leiten Sie den Wasserstrahl über eine kleine Schüssel auf den Kies. So wird der Kies nicht aufgewirbelt (→ Foto 3).

7 Nun die restlichen Pflanzen einsetzen, das Aquarium mit temperiertem Wasser auffüllen und die technischen Geräte zum Laufen bringen. Das Wasser wird anfangs ein wenig trübe sein. Dem Aquarienwasser ein Wasseraufbereitungsmittel aus dem Zoofachhandel zusetzen. Ein Oxidator und sogenannte »Starterlösungen« optimieren die Anlaufphase des Aquariums. Nun die Beleuchtung installieren (→ Foto 4).

8 Das Aquarium mindestens 2 Wochen laufen lassen, bis sich die Bakterien im Aquarium etabliert haben und die Pflanzen angewachsen sind. Regeln Sie dabei die Technik falls erforderlich nach. Trübes Wasser klärt sich im Verlauf dieser Zeit.

9 Kaufen Sie die Fische erst, wenn die 2 Wochen abgelaufen sind und das Wasser klar geworden ist (→ Tips zum Kauf und Einsetzen der Fische, Seite 82).

120 cm langes Becken mit vielen Aufsitzerpflanzen und Glühlichtsalmlern.

Dekorationsmaterialien

Um den Raum im Aquarium ansprechend zu strukturieren, Fischen Verstecke zu bieten und Substrate für Aufsitzerpflanzen zur Verfügung zu stellen, verwendet man verschiedene Deko-Materialien:

Wurzelhölzer schaffen eine »gemütliche« Umgebung für Fische, die Unterstände als Verstecke lieben. Nichtfaulende Hölzer bietet der Zoofachhandel an. Hölzer einige Tage in einem großen Behälter wässern, um die meisten ansäuernden Stoffe zu lösen und damit sie sich mit Wasser vollsaugen können. Wurzelholz eignet sich wegen der ansäuernden Wirkung nicht für Fische, die alkalisches Wasser benötigen.

Für Stein- und Felsaufbauten eignen sich Sandstein, Schiefer, Lava, Granit und Basalt. Achten Sie darauf, daß die Steine keinen Kalk enthalten, der das Wasser aufhärtet.

Sorgen Sie dafür, daß die Steine nicht umstürzen können.

Tonhöhlen und Tonröhren werden von vielen Fischen als Vesrteck gerne angenommen. Wässern Sie die Tonhöhlen mindestens einen Tag im Eimer.

Tips zum Kauf und Einsetzen der Fische

- Informieren Sie sich vor dem Kauf über die Ansprüche der Arten, die Sie pflegen möchten (→ Steckbriefteil, ab Seite 14).
- Wählen Sie Fischarten aus, denen Sie alle Ansprüche in Ihrem Aquarium bieten können.
- Kaufen Sie die Fische erst, wenn Ihr Aquarium eingerichtet ist (→ Seite 78/79).
- Achten Sie auf die Gesundheit der Fische im Händlerbecken (→ Tabelle, Seite 95).
- Transportieren Sie die warm verpackten Fische auf schnellstem Weg nach Hause.
- Gleichen Sie die Wassertemperatur im Fischbeutel mit der Aquarientemperatur an. Dazu den Beutel mindestens 30 Minuten auf der Wasseroberfläche des Aquariums schwimmen lassen.
- Nun den Beutel öffnen und etwas Aquarienwasser einlaufen lassen.
- Weitere 10 Minuten warten, bevor Sie die Fische ins Becken entlassen.

Verschiedene Wasserpflanzen-Typen

Aufsitzerpflanzen wachsen nicht im Boden, sondern auf Steinen oder Wurzeln. Sie beziehen ihre Nährstoffe aus dem Wasser. Einpflanz- und Pflegetip: Mit einem Baumwollfaden an den jeweiligen Dekorationsgegenständen befestigen. Später, wenn der Faden verrottet ist, halten sie von allein. Moospolster ab und zu zurückschneiden bzw. alte Blätter entfernen.

Rosettenpflanzen schieben ihre Blätter von einer einzigen Blattrosette am Übergang zu den Wurzeln aus. Sie sind tief im Bodengrund verwurzelt und beziehen einen Großteil der Nährstoffe aus ihm. Je nach Größe (→ Tabelle, Seite 85), sind sie sowohl für den Vordergrund als auch für die Hintergrundbepflanzung

Wasserpflanzen:
1 Kongo-Wasserfarn,
2 Javafarn,
3 Rundblättrige Rotola,
4 Kleine Schwertpflanze.

geeignet. Einpflanz- und Pflegetip: Wurzeln vorsichtig von eventuell umgebender Steinwolle befreien und mit der Schere auf etwa 4 Zentimeter zurückschneiden. In ein kleines, mit dem Finger vorgebohrtes Loch einpflanzen, so daß der Wurzelhals nicht mit eingegraben wird. Ab und zu alte Blätter entfernen.
Stengelpflanzen bilden kaum Wurzeln aus, weswegen manche von Ihnen (z. B. Hornkraut, Nixkraut, Sumatrafarn) auch schwimmend kultiviert werden können. Sie sind meist lichtbedürftiger als Rosettenpflanzen. Einpflanz- und Pflegetip: Stengel unten etwas abschneiden und etwa drei Stengel gleichzeitig vorsichtig in den Boden drücken. Falls sie aufschwimmen, mit Pflanzenblei beschweren. Um die Stengel buschig und den Bestand jung zu halten, Spitzen abschneiden, wenn sie die Wasseroberfläche erreicht haben und in den Boden stekken. Alte Stengel vorsichtig herausziehen.
Schwimmpflanzen schatten die unteren Wasserschichten ab und sind sehr beliebt bei Fischen, die unter der Wasseroberfläche leben und dort Deckung suchen. Schwimmpflanzen vertragen keine Strömung. Pflegetip: Dünnen Sie den Bestand öfter aus.

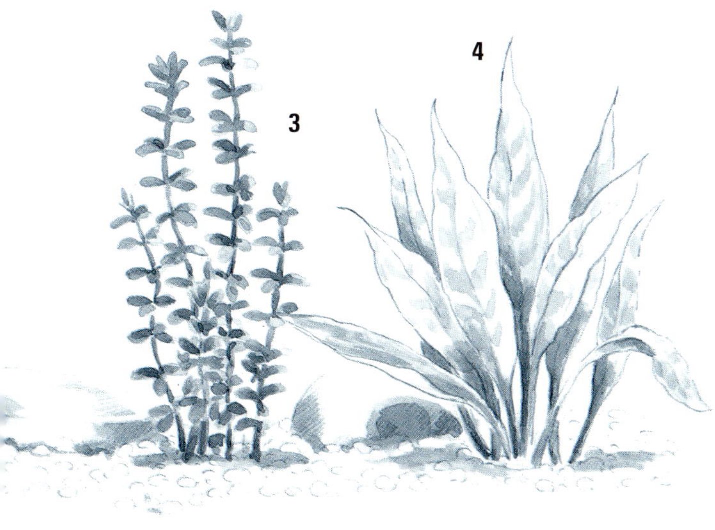

Wasserpflanzenpflege

Der Bodengrund verdichtet sich auf Dauer in jedem Aquarium, was zu einem für Pflanzen ungünstigen Bodenklima führt. Deshalb keinen Sand verwenden, sondern nur kalkarmen Kies mit einer Körnung von 2 bis 5 mm. Die Nährstoffversorgung wird bei der Einrichtung über Depotdünger gewährleistet (→ Seite 76). Eine Bodenheizung sowie die Pflege von Turmdeckelschnecken, die durch ihre Grabtätigkeit den Boden locker halten, erhalten langfristig ein gutes Bodenklima.

Licht, Kohlendioxid (CO_2), Karbonathärte, pH-Wert und Wassertemperatur sind ebenfalls wichtige Pflegefaktoren. Lesen Sie hierzu die Kapitel »Lebenselement Wasser«, Seite 58 bis 65 und »Die Technik – ein Muß fürs Aquarium«, Seite 66 bis 85.

Hinweis: Die meisten Pflanzen finden optimale Bedingungen bei einem pH-Wert um 7 und 3 bis 12 °dKH.

Die Nährstoffversorgung mit Salzen und Spurenelementen garantieren regelmäßige Gaben von speziellen Wasserpflanzendüngern. Da das wichtige Eisen mit diesen Düngern nicht in einer Flasche kombinierbar ist, müssen Sie zur Eisenversorgung einen Extra-Dünger kaufen. Düngen Sie nach jedem Wasserwechsel, aber in Maßen. Der Düngerbedarf hängt vom Wachstum der Pflanzen ab. Wachsen diese langsam, brauchen sie weniger Dünger und umgekehrt. Da die Gebrauchsanweisungen der Dünger auf ein starkes Pflanzenwachstum ausgelegt sind, fangen Sie mit der halben Menge an. In den ersten zwei Wochen nach der Neueinrichtung, wenn die Pflanzen noch nicht angewachsen sind, sollten Sie gar nicht düngen. Später steigern Sie mit jedem Wasserwechsel solange, bis das Wachstum aus ihrer Sicht optimal ist, vorausgesetzt, die anderen Pflegefaktoren sind auch optimal.

In der Tabelle rechts finden Sie Wasserpflanzenarten, die sich mit durchnittlichen Wasser-, Nährstoff- und Lichtwerten zufrieden geben.: ° dKH 3 bis 12, pH bis 7,5, 15 bis 20 mg CO_2/l, zwei Leuchtstoffröhren in Beckenlängen bei bis zu 50 cm Beckentiefe und -höhe. Arten, die auch härteres Wasser vertragen sind mit * gekennzeichnet.

Wasserpflanzen:
1 Haarnixe (→ Foto, Seite 123),
2 Schraubenvallisnerie,
3 Härtel's Wasserkelch,
4 Sumatrafarn.

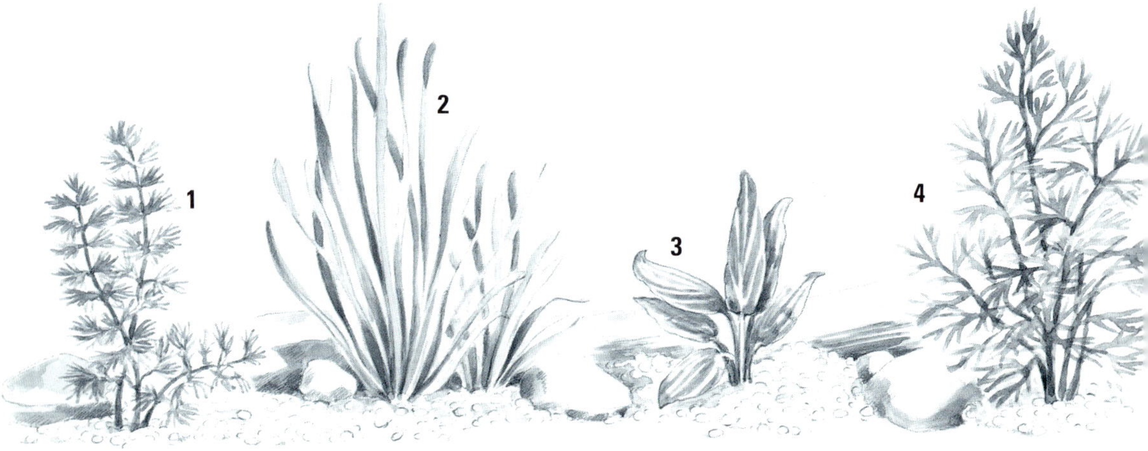

Einfach zu pflegende Aquarienpflanzen

Deutscher Pflanzenname	*Lateinischer Pflanzenname*	Typ	Höhe (cm)	T °C
Zwergspeerblatt	*Anubias barteri var. nana*	Aufsitzer	5 – 15	22 – 28
Javafarn	*Microsorium pteropus*	Aufsitzer	15 - 30	20 – 28
Javamoos	*Vesicularia dubyana*	Aufsitzer	Moos	15 – 30
Kongo-Wasserfarn	*Bolbitis heudelotii*	Aufsitzer	20 – 50	22 – 26
Härtel's Wasserkelch*	*Cryptocoryne affinis*	Rosette	10 – 40	22 – 26
Genoppter Wasserkelch*	*Cryptocoryne aponogetifolia*	Rosette	bis 100	21 – 27
Beckett's Wasserkelch*	*Cryptocoryne beckettii*	Rosette	10 – 25	22 – 26
Große Schwertpflanze	*Echinodorus amazonicus*	Rosette	30 – 50	22 – 26
Große Schwertpflanze	*Echinodorus bleheri*	Rosette	40 – 60	22 – 28
Osiris' Schwertpflanze	*Echinodorus osiris*	Rosette	40 – 60	18 – 26
Kleine Schwertpflanze	*Echinodorus parviflorus*	Rosette	20 – 40	22 – 24
Gras-Schwertpflanze	*Echinodorus tenellus*	Rosette	bis 5	18 – 28
Nadelsimse	*Eleocharis acicularis*	Rosette	20 – 50	22 – 25
Kleines Pfeilkraut*	*Sagittaria subulata*	Rosette	10 – 60	18 – 28
Riesenvallisnerie*	*Vallisneria americana*	Rosette	über 100	22 – 26
Schraubenvallisnerie*	*Vallisneria spiralis*	Rosette	30 – 50	20 – 28
Gemeines Hornkraut*	*Ceratophyllum demersum*	Schwimm	– – –	18 – 30
Guadeloupe-Nixkraut	*Najas guadalupensis*	Schwimm	– – –	20 – 30
Teichlebermoos	*Riccia fluitans*	Schwimm	– – –	20 – 27
Kleines Fettblatt	*Bacopa monnieri*	Stengel	– – –	18 – 28
Sumatrafarn*	*Ceratopteris thalictroides*	Stengel	– – –	22 – 28
Riesenwasserfreund*	*Hygrophila difformis*	Stengel	– – –	24 – 28
Wasserstern*	*Hygrophila corymbosa*	Stengel	– – –	24 – 28
Indischer Wasserfreund*	*Hygrophila polysperma*	Stengel	– – –	22 – 28

Aquarienpflege leicht gemacht

Der gesamte Pflegebedarf eines optimal eingerichteten Aquariums ist erstaunlich gering, wenn Sie einmal wöchentlich einen Teilwasserwechsel vornehmen.

Pflegeutensilien

- Zwei Eimer (12 bis 15 Liter), die nur für Aquarienzwecke verwendet werden.
- 2,50 m langer Schlauch (12 bis 16 mm Außendurchmesser) mit Mulmglocke (Bodenabsaugvorrichtung aus dem Zoofachhandel).
- Scheibenreiniger, um Algen zu entfernen (z. B. Algenmagnet).
- Ein großes und ein kleines Aquarienfisch-Fangnetz.

Der wöchentliche Teilwasserwechsel

Mit einem regelmäßigen Teilwasserwechsel von 25 bis 30 % des Aquarienwasservolumens schlagen Sie mehrere Fliegen mit einer Klappe:

- Sie entfernen über die Woche angesammelte Schadstoffe, vor allem Nitrat, mit denen auch ein guter Filter nicht fertig wird.
- Sie entfernen Futterreste und andere verwesende organische Substanzen, bevor sie zu Schadstoffen zersetzt werden, wenn Sie beim Wasserwechsel mit einer Mulmglocke den Boden absaugen.
- Sie bringen Spurenelemente, die im Leitungswasser vorhanden sind und während der Woche von Planzen und Fischen verbraucht wurden, wieder ins Aquarium ein.
- Sie stimulieren mit frischem Wasser die Vitalität Ihrer Fische.

So gehen Sie beim Teilwasserwechsel vor

Stellen Sie die Technik ab. Saugen Sie dann mit einem dicken Filterschlauch, der am Vorderende mit einer Mulmglocke versehen ist, das Wasser in einen großen Eimer ab. Füllen Sie soviele Eimer mit Aquarienwasser, bis 25 bis 30% des Beckenvolumens abgelassen sind. Füllen Sie über den gleichen Schlauch aus einem Eimer mit temperiertem und wenn nötig aufbereitetem Wasser das Aquarium wieder auf.
Vergessen Sie in Pflanzenbecken den Pflanzendünger nicht. Stellen Sie die technischen Geräte wieder an.
Einige zusätzliche Handgriffe beim wöchentlichen Teilwasserwechsel ersparen später Mühe:

TIP

Trockenfutter ist eine gute Basis für die Ernährung Ihrer Fische. Doch das Futter verdirbt recht schnell, wenn die Dose einmal geöffnet ist. Verschließen Sie deshalb die Dose nach jeder Fütterung wieder sorgfältig, damit sich die Flocken nicht mit Luftfeuchtigkeit vollsaugen und zu schimmeln beginnen.

Blaue Fadenfische *(Trichogaster trichopterus)* stellen keine hohen Ansprüche an die Wasserqualität.

■ Algen an Front- und Seitenscheiben mit dem Algenmagneten entfernen. Falls Sie dies nicht wöchentlich machen, siedeln sich punktförmige, schwierig zu entfernende Algen, leichter an.
■ Bodengrund z. B. mit einer Gabel vorsichtig auflockern. Der Bodengrund bleibt länger locker und Sie haben einen guten Pflanzenwuchs.
■ Deckscheibe reinigen. Sie verkalkt sonst leicht und ist dann schwieriger zu reinigen.
■ Im Außenfilter oberste Schicht Filtersubstrat, bei Innenfiltern die (oberste) Schaumstoffpatrone unter warmem, aber nicht heißem Wasser ausspülen. Dadurch entfernen Sie viel Schmutz, der gar nicht erst in Schadstoffe zerlegt wird, aus dem Wasserkreislauf. Die biologische Filterwirkung bleibt aktiv.

Pflegefahrplan

■ Beobachten Sie täglich Ihre Fische für mehrere Minuten nach der Fütterung. So können Sie frühzeitig entdecken, ob Ihre Fische Krankheitsanzeichen zeigen (→ Tabelle, Seite 95) oder Pflegefehlern auf die Spur kommen (→ Haltungsprobleme Seite 112 bis 117).
■ Überprüfen Sie täglich, ob der Filterdurchfluß nachgelassen hat, der pH-Wert (Dauer-pH-Meter) im optimalen Bereich liegt, die Kohlensäuredüngung (Blasenzähler kontrollieren) funktioniert und die Temperatur stimmt.
■ In unregelmäßigen Abständen sollten Sie den Pumpenkopf ihres Kreiselpumpenfilters nach Gebrauchsanweisung reinigen, Pflanzen zurückschneiden und alle sechs Wochen ein eventuell vorhandenes, elektronisches pH-Meter neu einstellen.
■ Füllen Sie Ihre Futtervorräte rechtzeitig auf. Wechseln Sie Leuchtstoffröhren jährlich aus, wenn Sie auf intensiven Pflanzenwuchs Wert legen.

Die richtige Ernährung

Mit verschiedenen Futtersorten, die Sie im Zoofachhandel erhalten, können Sie fast alle Fischarten ausgewogen und vielseitig ernähren.
Eine artgerechte Zierfischpflege beinhaltet, daß man Rücksicht nimmt auf die Nahrungszusammensetzung, an die die jeweilige Fischart in der Natur angepaßt ist.
Deshalb ist nicht jede Futtersorte für alle Fische gleichermaßen geeignet.

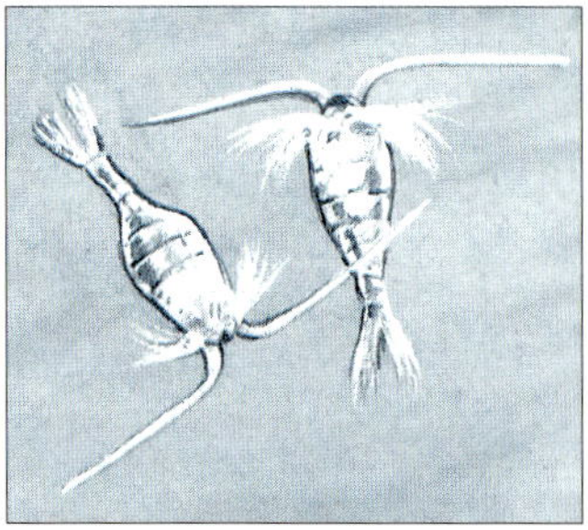

1 Hüpferlinge.

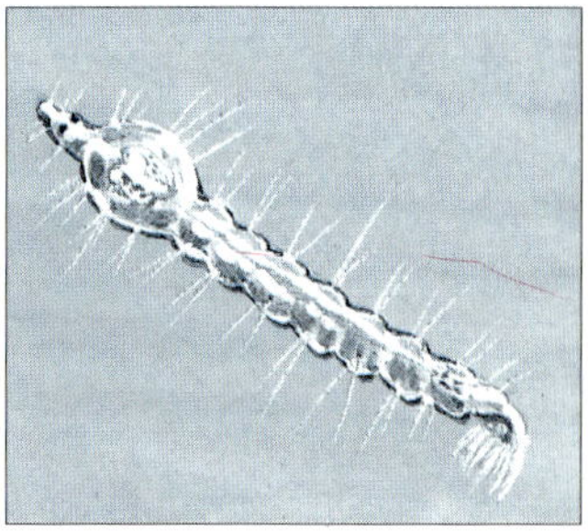

2 Weiße Mückenlarve.

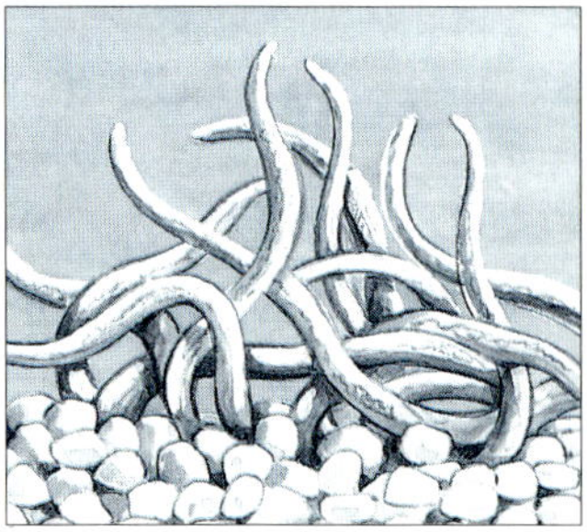

3 Tubifex.

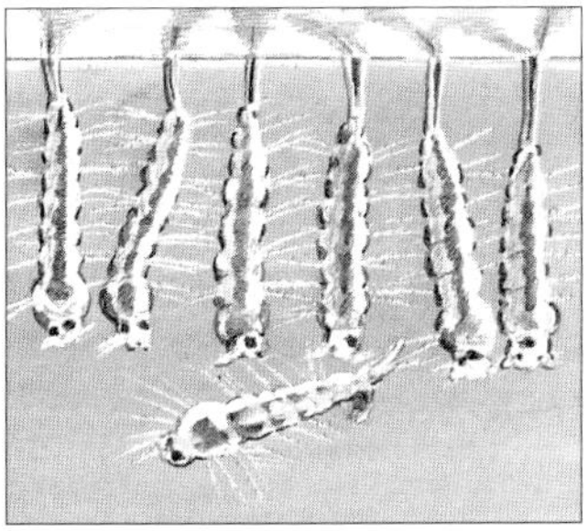

4 Schwarze Mückenlarven.

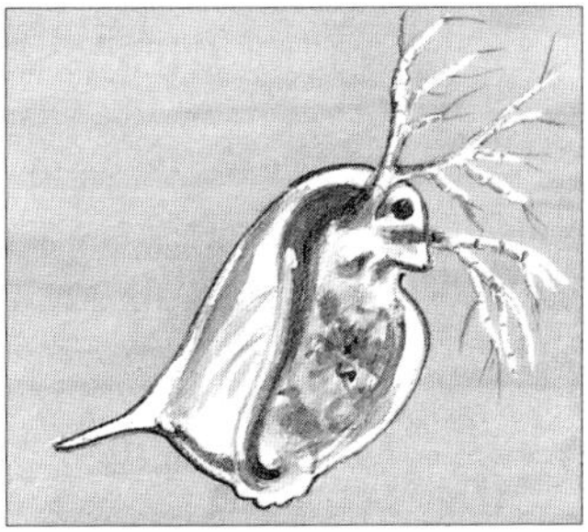

5 Wasserfloh.

6 Rote Mückenlarven.

Trockenfuttersorten von Markenherstellern bieten eine qualitativ hochwertige, aber sehr gehaltvolle Grundlage für die meisten Fischarten. Achten Sie deshalb darauf, alle Sorten mit anderen Futtersorten abzuwechseln. Füttern Sie immer Trockenfutter mit einem ballaststoffreichen Grünanteil (am besten aus Spirulina-Algen).

Sie erhalten Trockenfutter als Flocken, als Granulat, und als Tabletten. Flocken eignen sich vor allem für freischwimmende Fische, während Sie mit Tabletten gezielt bodenlebende Fische füttern. Granulat (bzw. die größeren Pellets) sind für Cichliden geeignet.

Kleinkrebse verschiedener Arten bietet der Fachhandel gefroren oder, je nach Jahreszeit, lebend an (→ Zeichnungen 1 und 5). Sie enthalten, einen höheren Ballaststoffanteil als Trockenfutter und sollten mit diesem abgewechselt werden. Auch größere Fische fressen die kleinen Hüpferlinge *(Cyclops)* gerne. Wasserflöhe *(Daphnia, Bosmina)* haben den höchsten Ballaststoffanteil und sind für keine Fischart als Alleinfutter geeignet. Gefrorene *Mysis*-Granelen und ausgewachsene *Artemia*-Salzkrebschen ersetzen für größere Fische die kleinen *Cyclops* und Wasserflöhe. Mit *Artemia*-Nauplien (Baby-*Artemia*) können kleine Lebendfutterspezialisten und Jungfische, die nur Lebendfutter fressen, regelmäßig versorgt werden. Die Zucht von *Artemia*-Nauplien wird unter dem Abschnitt »Jungfischfutter« (→ Seite 90) beschrieben.

Mückenlarven, gefroren oder lebend, bieten eine abwechslungsreiche Alternative zu größeren Kleinkrebsen (→ Zeichnungen 2, 4 und 6).

Weiße Mückenlarven bietet man größeren Fischen an, Schwarze Mückenlarven kleineren. Insektenfressende Fische nehmen als einzige Alternative oft nur Schwarze Mükkenlarven. Rote Mückenlarven sollten wegen möglicher Schadstoffbelastung nie verfüttern werden.

Lebende Tubifex-Würmer (aus dem Zoofachhandel) sind gehaltvol. Sie sollten nur ab und zu verfüttert werden (→ Zeichnung 3). Die Würmer einige Tage vor der Verfütterung in einem kleinen Eimer wässern. Dabei mehrmals täglich das Wasser wechseln.

Insekten sind für viele Oberflächenfische, besonders für

Killifische eine wichtige Nahrung. Die kleinste und am häufigsten verfütterte Insektenart ist die Fruchtfliege *Drosophila*. Wenn Sie sich für Killifische interessieren, besorgen sie sich einen Zuchtansatz aus dem Zoofachhandel. Dort erhalten Sie auch größere Insekten, die zum Beispiel von Schmetterlingsfischen gerne genommen werden, z.B. Heimchen und Motten.

Insekten vor dem Verfüttern einige Zeit in den Kühlschrank stellen, damit sie träge werden und nicht beim Füttern entweichen.

Grünfutter ist für viele Harnischwelse, aber auch andere Fische, ein unbedingtes, tägliches Muß. Sie können die verschiedensten Sorten aus dem Supermarkt (sorgfältig waschen) probieren, z.B. überbrühten Salat, Gurkenscheiben, rohe Kartoffelscheiben, zerdrückte Erbsen.

Plazieren Sie das Futter so, daß die Welse es am Boden finden und daß Sie die schnell verfaulenden Reste am nächsten Tag wieder einfach aus dem Aquarium entfernen können.

Vitamine als zusätzliche Futtergaben sind unnötig, wenn Sie die Fütterungsregeln beachten (→ Seite 91). Zudem ist es schwierig, Vitamine, die meistens fettlöslich sind, mit dem Futter im Aquarienwasser zu verabreichen.

Jungfischfutter

Jungfische brauchen kleines Futter und müssen während ihrer Wachstumsphase mehrmals täglich gefüttert werden.

Lebende Artemia-Nauplien können sie aus Dauereiern selbst züchten: Ein 2 l-Einmachglas mit 1 l Salzwasser füllen und 20 g jodfreies Kochsalz auf 1 l zusetzen. 1 Teelöffel Artemia-Dauereier aus der Zoohandlung hineingeben. Kultur eventuell mit einem Ausströmerstein belüften. So umrühren, daß alle Eier benetzt sind. Bei 24 bis 28 °C

Futtertabletten sind eine reichhaltige Nahrung, die man nur sparsam füttern sollte.

Können sich Fische überfressen?

Ja, Fische können sich überfressen. In der Natur ist die Nahrung meistens knapp. Die Fische sind darauf angewiesen, alles zu fressen, was sich ihnen als Futter bietet. Wenn man ihnen im Aquarium zuviel Futter gibt, fressen sie trotzdem alles auf.
Die Fische verhalten sich ja im Aquarium ebenso, wie sie es von Natur aus gewohnt sind. Es gibt Fische, die ssich so überfressen, daß sie gleich sterben. Andere jedoch sterben langsam an Verfettung.

(Gläser in Wasserbad mit Regelheizer stellen) schlüpfen die rötlichen Larven. Mit Futterspritze oder Pipette nur die Larven in Bodennähe absaugen. Larven absieben (Artemissieb aus dem Zoofachhandel), kurz mit Leitungswasser spülen und sofort verfüttern. Jeden Tag neue Kultur ansetzen, um immer genügend Nachschub zu haben.
Jungfisch-Trockenfutter auf keinen Fall als Zusatzfutter in einem eingerichteten Aquarium verwenden. Es ist sehr fein und verteilt sich in einem großen Aquarium zu schnell, wodurch das Wasser sehr belastet wird.
In einem speziellen Aufzuchtbecken ohne Bodengrund kann es dagegen bedenkenlos angewendet werden, wenn der Boden regelmäßig mit einem dünnen Schlauch abgesaugt wird.

Fütterungsregeln

1 Füttern Sie täglich nur einmal soviel, wie die Fische innerhalb von zwei Minuten fressen.
Fische haben keine »Futterbremse« und fressen leicht mehr als sie vertragen. Viele Aquarienfische sind deshalb verfettet. Eine Ausnahme sind Grünfutterfresser, die das Grünfutter einen Tag lang »präsentiert« bekommen.

2 Füttern Sie an verschiedenen Tagen verschiedene Futtersorten: Trockenfutter bietet eine gute Grundlage, ist aber alleine zu gehaltvoll an Proteinen, um täglich gefüttert zu werden.
Wechseln Sie mit Lebend-, bzw. Gefrierfuttersorten ab, weil sie einen niedrigeren Proteinanteil besitzen.

3 Eiweiß von Säugetierfleisch, wie z. B. Rinderherz, ist für Fische schlecht verdaulich und führt zu Leberproblemen. Verfüttern Sie deshalb keine rinderherzhaltigen Futtersorten.

4 Tubifex und Rote Mückenlarven sind meist schadstoffbelastet. 30 % aller Menschen reagieren zudem allergisch auf Rote Mückenlarven.
Verfüttern Sie deshalb nur gewässerte Tubifex und gar keine Roten Mückenlarven.

5 Legen Sie einmal in der Woche einen Fastentag für Ihre Fische fest.

6 Berücksichtigen Sie die speziellen Futterbedürfnisse (Art des Futters, Tageszeit der Fütterung) aller Arten im Aquarium.

Krankheiten erkennen

Bei artgerechter Pflege bleiben Ihre Fische normalerweise gesund, weil ihre Abwehrkräfte stark sind. Die meisten Krankheiten entstehen leider durch Pflegefehler.

Pflegefehler

Überprüfen Sie als erstes, ob
- der Nitratwert zu hoch ist,
- verwesende Fische im Aquarium sind,
- die Wasserwerte für die Fische stimmen,
- die Ernährung auf die Fische abgestimmt ist,
- die Belüftung ausreicht,
- der Filter funktioniert,
- der letzte Wasserwechsel zu lange zurückliegt,
- das Becken überbesetzt ist,
- aggressive Fische andere jagen und am Fressen hindern.

Falls einer dieser Sachverhalte zutrifft, beheben Sie den Pflegefehler so schnell wie möglich.

Vergiftungen als Krankheitsursache

Vergiftungen durch belastetes Leitungswasser, falsche oder überdosierte Medikamente oder durch Pflegefehler kommen häufiger vor, als infektiöse Krankheiten. Vergiftungen der Fische können Sie an folgenden Symptomen erkennen, die einzeln oder in Kombination auftreten können:
- Atemprobleme (»Hängen« unter der Wasseroberfläche).
- Extreme Schreckhaftigkeit.
- Umherschießen im Becken.
- Auffällige Blässe oder übermäßig intensive Farben.
- Taumelbewegungen.
- Apathie

Als Sofortmaßnahme vorsichtig 90 % des Aquarienwassers durch Leitungswasser, dem sie ein Wasseraufbereitungsmittel aus dem Zoofachhandel beigemischt haben, wechseln (Temperatur anpassen!). Filtern Sie zudem über Aktivkohle (aus dem Zoofachhandel; Gebrauchsanweisung beachten). Schwächen die Symptome ab, Aktivkohlefilterung nach 2 Wochen beenden und Teilwasserwechsel vornehmen (→ Seite 86).

Hinweis: Leitungswasser-Vergiftungen können durch Kupfer (Wasserleitungen aus Kupferrohr) oder zu hohen Chlor-Gehalt (»Schwimmbad-Geruch«) verursacht werden. Chlor entfernen Sie durch starke Belüftung des Wassers im Eimer oder, indem Sie es zwei Tage stehenlassen.
Wasser aus Kupferrohrleitungen dürfen Sie nicht mehr als Aquarienwasser verwenden.

Schleierschwanz-Guppies *(Poecilia reticulata var.)* gibt es in vielen verschiedenen Farbschlägen.

Infektiöse Krankheiten

Neu eingesetzte Fische können Infektionskrankheiten einschleppen. Die Tabelle auf Seite 95 sowie die Zeichnungen 1 bis 3 geben Aufschluß über einige häufige Krankheitsbilder. Es gibt jedoch viele seltene Fischkrankheiten, die ich aus Platzgründen im Rahmen dieses Ratgebers nicht abhandeln kann. Wenden Sie sich gegebenenfalls an einen Tierarzt, der sich mit Zierfischen auskennt.

Mit einfachen Mitteln richtig behandeln

Ein Kochsalzbad hilft bei Verpilzungen, *Ichthyopthirius*, schwachem Befall mit Haut- und Kiemenwürmern. Die Behandlung wird in einem Eimer durchgeführt.
Anwendung: 10 bis 15 g Kochsalz pro 1 l Wasser. Fische unter Beobachtung 20 Minuten lang darin baden. Wichtig: Bei *Ichthyopthirius* unbedingt alle Fische behandeln. Nach der Erstbehandlung das Bad 2mal nach je 48 bis 72 Stunden wiederholen.
Ein Formalinkurzbad hilft bei Haut- und Kiemenwürmern und vielen anderen Außenparasiten. Die Behandlung wird im Eimer durchgeführt.
Anwendung: 2 bis 4 ml Formalin (35-40 %ig aus der Apotheke) auf 10 l Wasser geben. Fische maximal 30 Minuten in der Lösung baden. Bei Gleichgewichtsstörungen Fische sofort ins Haltungsbecken zurücksetzen.
Achtung: Formalin ist stark ätzend. Nicht mit Haut, Augen und Schleimhäuten in Kontakt bringen. Vor Kindern sicher aufbewahren!
Eine Wärmebehandlung hilft bei schwachem Befall mit *Ichthyopthirius*, *Oodinium* und anderen Außenparasiten. Die Behandlung wird im Haltungsbecken durchgeführt.
Anwendung: Nur in Becken mit sauberem Wasser und guter Sauerstoffversorgung. Temperatur um 1 Grad pro Stunde erhöhen. Bei Ausfallerscheinungen der Fische, wie Gleichgewichtsstörungen, die Therapie abbrechen.
Hinweis: Desinfizieren Sie Fischnetze, die mit kranken Fischen in Berührung gekommen sind, 3 Tage lang mit einer tiefvioletten, undurchsichtigen Kaliumpermanganatlösung aus der Apotheke (einige Körner pro Liter Wasser). Danach Netze sorgfältig abspülen. So vermeiden Sie Neuinfektionen.

1 Lochkrankheit

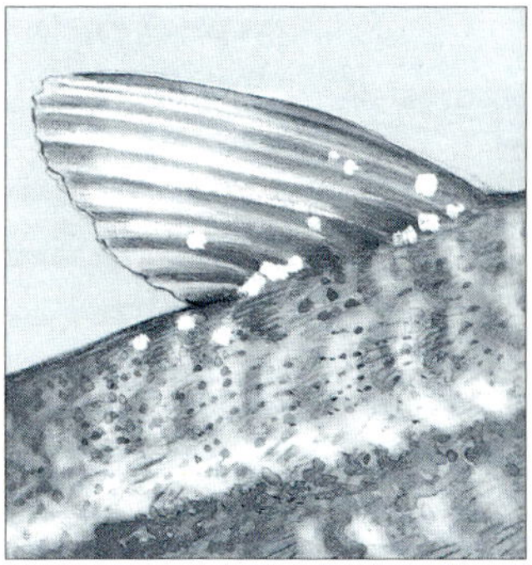

2 Weißpünktchenkrankheit

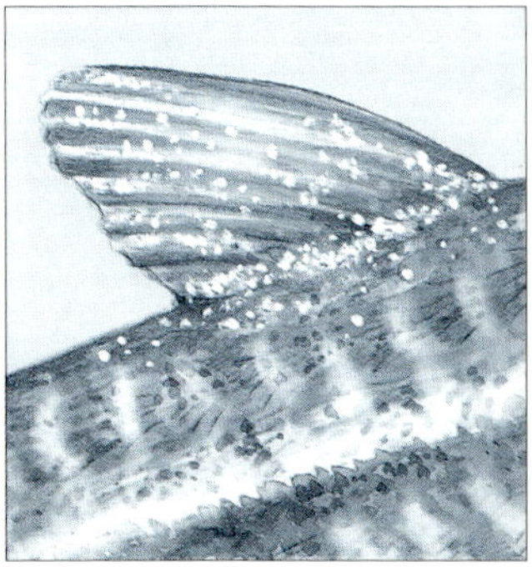

3 Samtkrankheit

Krankheiten erkennen und behandeln

Symptome	Diagnose	Therapievorschlag
Weiße, bis 1,5 mm große Punkte auf der Körperoberfläche; evtl. heftige Atmung; Scheuern an Gegenständen.	**Weißpünktchenkrankheit** *Ichthyophthirius* (→ Zeichnung 2)	Wärmebehandlung (10 Tage auf 30 °C), Kochsalzbad oder Malachitgrünoxalathaltige Medikamente.
Kleine, bis 0,3 mm große Punkte – oft dicht als weißlicher bis gelblicher Belag; evtl. heftige Atmung; Scheuern an Gegenständen.	**Samtkrankheit** *Oodinium* (→ Zeichnung 3)	Wärmebehandlung (24 – 36 Stunden auf 33 – 34 °C).
Zerfranste, oft kürzere Flossen mit oder ohne weißen Rand.	**Bakterielle Flossenfäule**	Furazolidonhaltige Medikamente.
Kleine, mit der Zeit größer werdende Löcher in der Kopfregion, oft mit weißer Schicht ausgekleidet; Dunkelfärbung des Körpers; Abmagerung; weißer, fädiger, schleimiger Kot.	**Lochkrankheit** (→ Zeichnung 1)	bei geringer Ausprägung: Vitaminreich füttern; bei starker Ausprägung (fädiger Kot) den Tierarzt auf Gabbrocol® oder Metronidazol (Clont®) ansprechen.
Heftige Schluckbewegungen und/oder abstehende Kiemendeckel; heftige Atmung; Scheuern an Gegenständen.	**Kiemen-/Hautwürmer**	Formalinkurzbad, Kochsalzbad.
Aufgeblähter Leib, oft mit abstehenden Schuppen; Glotzaugen.	**Bauchwassersucht**	Furazolidonhaltige Medikamente. Hinweis: malachitgrünoxalathaltige und furazolidonhaltige Medikamente sind im Zoofachhandel erhältlich.

Verstehen lernen und beobachten

Vor allem in naturnahen Aquarien zeigen Fische die gesamte Palette ihrer faszinierenden Verhaltensweisen.

Verhaltensweisen richtig deuten

Oft beobachtet man bei Fischen Verhaltensweisen, deren Bedeutung auf Anhieb nur schwer zu verstehen ist. In diesem Kapitel wird deshalb anhand von Beispielen erklärt, welche Verhaltensweisen Sie wann im Aquarium beobachten können und was sie über Ihre Fische aussagen.

Fische sind interssante Lebewesen

Fische gelten zu unrecht als langweilig. Wer einmal länger die Fischgemeinschaft in einem artgerecht eingerichteten Aquarium beobachtet hat, wird von der Vielfalt der Verhaltensweisen beindruckt sein. So kommt es häufig zwischen zwei Schneckenbuntbarsch-Männchen zu aufregend aussehenden, aber harmlosen Maulkämpfen (→ Foto, Buchklappe hinten). Ein Kugelfisch schleicht sich auf faszinierende Art an seine Hauptbeute, eine Schnecke, an (→ Foto, Seite 100).
Schließlich betreiben manche Fischeltern, z. B. Labyrinthfische oder Buntbarsche, mit einer Aufopferung die Aufzucht ihrer Nachkommen, die man nur bei hochentwickelten Säugetieren vermutet hätte (→ Foto, Seite 104).

Schwarmverhalten

Die meisten Fische schließen sich zumindest in einem Teil ihres Lebens mit anderen Artgenossen, manchmal auch mit Mitgliedern einer anderen Art, zu einem Schwarm zusammen. Selbst viele Buntbarsche, die zumindest für die Fortpflanzung, aggressiv ein Revier verteidigen verhalten sich in der Jugend wie Salmler in einem Schwarm.
Grund für die Schwarmbildung ist in den meisten Fällen die doppelte Schutzwirkung:

- Zum einen haben Räuber, die es auf ein Tier abgesehen haben, bei der Vielzahl der Fische Schwierigkeiten, sich auf ein einzelnes Tier zu konzentrieren.
- Zum anderen gibt es für die Schwarm-Mitglieder einen »Verdünnungseffekt«. Wenn es ein Raubfisch auf ein einzelnes, bestimmtes Beutetier abgesehen hat, ist die Wahrscheinlichkeit gering, daß er bei den vielen Artgenossen, ausgerechnet dieses bestimmte erwischt. Das Risiko, erbeutet zu werden, ist also für jeden einzelnen geringer, wenn er mit den anderen im Schwarm schwimmt.

Schwarmbildung im Aquarium beobachtet man besonders

TIP

Oft lassen sich viele Verhaltensweisen nicht gleich verstehen, wenn man sie beobachtet. Notieren Sie sich alle auffälligen Verhaltensweisen in einem Fischtagebuch und vergleichen Sie sie später. Vielleicht erkennen Sie so im nachhinein, in welchem Zusammenhang das Verhalten der Fische steht.

Männchen des Kakadu-Zwergbuntbarsches *(Apistogramma cacatuoides)*. Diese beiden imponieren mit gespreizten Flossen voreinander.

dann, wenn für die Fische vermeintliche Gefahr im Verzug ist. Besonders einfach zu beobachten ist die Schwarmbildung, wenn Sie mehrere Tiere neu in das Aquarium entlassen haben. Wie die Regenbogenfische auf dem Foto Seite 62/63 werden sie sich erst einmal verunsichert zusammenschließen.
Die Roten Neons auf dem Foto Seite 102 dagegen haben sich bereits eingewöhnt und auf fast das ganze Becken verteilt.

Kammkugelfische *(Carinotetraodon lorteti)* pirschen sich mit kaum wahrnehmbaren Bewegungen an ihre Hauptbeute, Wasserschnecken, heran.

Das Revier- und Kampfverhalten

Viele Fische, auch viele sogenannte Schwarmfische, bilden zumindest zeitweise Re-viere aus, die sie gegen Artgenossen oder Fische anderer Arten mit mehr oder weniger heftigen Kämpfen verteidigen. Grund für die Revierbildung ist immer die Verteidigung von etwas, was der jeweilige Fisch gegenüber Konkurrenten verlieren könnte: Eine gute Stelle mit viel Futter (Nahrungsrevier), eine besonders für die Jungenaufzucht geeignete Umgebung (Brutrevier) oder den besten Platz, um vorbeikommende Weibchen anzubalzen (Balzrevier).
Revierbildung im Aquarium läßt sich besonders bei Buntbarschen leicht beobachten.
Die Mbuna (→ Foto, Seite 110), die Aufwuchs fressen, würden nicht nur in ihrer Heimat, dem Malawi-See, ihr Nahrungsrevier verteidigen, sondern auch im Aquarium. Auch wenn im Aquarium keine Algen wachsen, geben sie ihre natürlichen Verhaltensweise nicht auf.
Das Weibchen des Schmetterlingsbuntbarsches dagegen verteidigt ein »mobiles« Brutpflegerevier, nämlich das Blatt, auf dem es seine Eier abgelegt hat (→ Foto, Seite 104).
Bei Gefahr nehmen manche größeren Buntbarsche das Blatt am Stiel ins Maul und

Wie leuchtet der Neonfisch?

Im Aquarium kannst du sehen, daß die Neonfische leuchten. Sie haben sehr feine Leuchtteilchen in ihren blauen Leuchtstreifen auf beiden Körperseiten. Selbst ganz wenig Licht werfen diese Leuchtteilchen zurück – ganz ähnlich wie die Reflexstreifen auf deinem Schulranzen. Neonfische leben in der Natur in dunklen Urwaldbächen. Die Leuchtstreifen helfen ihnen, den Anschluß an ihren Schwarm nicht zu verlieren. Nachts, wenn die Neonfische schlafen, verstellen sie ihre Leuchtteilchen so, daß sie kein Licht mehr zurückwerfen. So vermeiden sie zum Beispiel bei Mondlicht, daß sie ein räuberischer Fisch entdeckt, während sie schlafen, und sie auffrißt.

ziehen es ins sichere Flachwasser.

Probleme durch Revierbildung und Kämpfe im Aquarium entstehen immer dann, wenn das beanspruchte Revier so groß ist wie das gesamte Aquarium. Andere Fische werden dann aggressiv vom Revierbesitzer angegriffen, weil er ja sein Revier »verteidigen« will, können aber nicht fliehen. In diesem Fall müssen Sie entweder den Revierbesitzer oder die anderen Fische aus dem Aquarium entfernen. Eine Notlösung für solche Fälle habe ich Ihnen auf Seite 116 beschrieben.

Fortpflanzungsverhalten

Am spannendsten zu beobachten sind die zum Teil abenteuerlichen Anstrengungen, die manche Fische auf sich nehmen, um ihre Nachkommen sicher in die nächste Fischgeneration zu bringen.

Arten ohne Brutpflege

Manche Fischarten, wie viele Salmler, Barben und Regenbogenfische, lassen es jedoch mit wenig Aufwand gut sein: sie legen ihre Eier nach einer kurzen Balz an mehr oder weniger geschützten Orten ab und überlassen sie ihrem Schicksal. Die Weibchen der Lebendgebärenden kümmern sich nach der Geburt der Jungen ebenfalls nicht um ihren Nachwuchs. Die Jungfische müssen sich oft sogar vor den kannibalistischen Gelüsten ihrer Mütter in Acht nehmen. Andere dagegen gründen richtige Familien, solange bis die Jungen über das Gröbste hinaus sind. Zumindest aber gibt es unter den brutpflegenden Arten alleinerziehende Väter oder Mütter, die die Jungen betreuen.

Fische mit Familiensinn

Zu den aufopferndsten aller Fischeltern gehören sicher die paarbildenden Buntbarsche. Manche Arten, wie beispielsweise die Skalare, balzen mit zitternden Bewegungen oft mehrere Wochen lang, bevor sie sich für den »Bund für's Leben« entscheiden.

Sind die beiden Partner schließlich übereingekommen, gemeinsam eine Familie zu gründen, inspizieren sie oft mehrere Plätze für die Eiablage, bevor sie dann tatsächlich an einem ablaichen (→ Foto, Seite 96/97).

Vater und Mutter kümmern sich viele Wochen um die

Im japanischen Stil eingerichtet ist dieses Aquarium, das mit Roten Neons besetzt ist.

Nachkommen, bis sie einige Zentimeter groß sind.
Bei vielen maulbrütenden Buntbarschen, z.B. allen Malawi-Cichliden, kümmern sich ausschließlich die Mütter um die Jungen.
Um ihrem Nachwuchs in den ersten Lebenswochen Sicherheit zu geben, nehmen sie die Eier gleich nach der Eiablage ins Maul, brüten sie dort aus, und entlassen die Jungen erst, wenn sie schon vollentwickelte Miniaturausgaben der Mutter sind.
Manche Arten schwimmen in den ersten Tagen nachts oder bei Gefahr ins mütterliche Maul zurück.

Auch bei den Maulbrütern gibt es Arten, bei denen sich beide Geschlechter die Brutpflege teilen, z. B. der Finleyi-Maulbrüter (*Chromidotilapia finleyi* → Foto, Buchklappe hinten).

Arten mit Männchen-Brutpflege kommen aus der durch ihren Schaumnestbau faszinierenden Labyrinthfisch-Verwandtschaft. Hier machen sich die Weibchen aus dem Staub, wenn sie ihre Eier in das über Tage kunstvoll errichtete Schaumnest der Männchen gelegt haben.

Die Männchen, beispielsweise der Mosaikfadenfischmann (→ Foto, Buchklappe vorne), pflegen die Eier und Larven so lange, bis sie frei schwimmen und sich im Krautdickicht verstreuen.

Ein Kuckuck im Aquarium

Etwas ganz Besonderes hat sich die Natur bei den Kuckuckswelsen *(Synodontis multipunctatus)* einfallen lassen, die auch im Aquarium leicht zu pflegen sind.

Die Wels-Eltern bemühen sich nicht selbst um die Aufzucht, sondern suchen sich (unfreiwillige) Ammen für ihren Nachwuchs. Das Gleiche tun auch Kuckucks-Vögel.

Das Weibchen des Schmetterlingsbuntbarsches *(Microgeophagus ramirezi)* betreut ihr Gelege auf einem Blatt.

Haben laichbereite Welse ein ablaichendes Paar maulbrütender Buntbarsche ausgemacht, schieben sie diesen in einer blitzschnellen Ablaich-Aktion ihre eigenen Eier unter. Diese Aktion findet gerade dann statt, wenn die Buntbarsche im selben Moment auch einige Eier abgelegt haben und dabei sind, sie zur

TIP

Trockenes Laub von Buchen und Eichen eignet sich gut, um den Aquarienboden naturnah zu gestalten. Verwenden Sie dazu aber ausschließlich Laub, das Sie im Winter von den Zweigen gesammelt haben und kein Fallaub. So vermeiden Sie, daß Pilzsporen ins Aquarium kommen und sich ein dichter schädlicher Teppich aus Pilzfäden auf den Blättern bildet.

Brutpflege ins Maul aufzunehmen.
Die Welsjungen schlüpfen dann im Buntbarschmaul und bedienen sich zudem noch einer einfachen Nahrungsquelle: Den Eiern und Larven der Buntbarsche im Maul.

Gezielte Nachzucht von Aquarienfischen

Die Fortpflanzung im Aquarium stößt oft auf Schwierigkeiten, weshalb man meist eigene Zuchtaquarien einrichtet. Nur so lassen sich Störenfriede von potentiellen Eltern fernhalten oder spezielle Wasserbedingungen nachahmen, die die Fische brauchen, um in Fortpflanzungs-Stimmung zu kommen.
In schwach besetzten Aquarien ist es aber dennoch möglich, einige Jungfische von brutpflegenden und lebendgebärenden Arten aufzuziehen. Dabei sollte man vor allem auf zwei Dinge achten:

- Schaffen Sie genügend Verstecke, je nach Fischart z.B. in Form dichten Pflanzenwuchses oder Lücken in Steinaufbauten.
- Sorgen Sie für zusätzliches Jungfischfutter, z. B. *Artemia*-Nauplien (→ Jungfischfutter, Seite 90).

In einem Aufzuchtbecken ist die Chance natürlich größer, Jungfische hochzuziehen. Fischen Sie die Jungfische vorsichtig aus dem Haltungsbecken heraus, z. B. mit Hilfe eines Trinkglases. Die empfindlichen Jungfische sollten unbedingt unter Wasser bleiben.
Das Aufzuchtbecken erhält keinen Bodengrund. So lassen sich Futterreste leichter mit einem dünnen Schlauch absaugen.
Ein kleiner luftbetriebener Innenfilter sowie einige Schnekken, die Futterreste fressen, vervollständigen die Einrichtung.
Zusätzlich schafft Javamoos Verstecke für die Jungfische.
Füttern Sie die Jungen zwei- bis dreimal am Tag. Wechseln Sie täglich 1/3 des Aquarienwassers im Aufzuchtbecken. Den Boden des Beckens täglich absaugen!.
Wenn Sie all diese Dinge berücksichtigen, werden Ihre Jungfische prächtig gedeihen.
Hinweis: Wer sich genauer mit der Aquarienfischzucht befassen möchte, wird um speziellere Literatur nicht herumkommen (→ Bücher, die weiterhelfen, Seite 126).

Naturnahe Aquarien gestalten

Ein »kleines Naturwunder« in Ihrem Heim erleben Sie, wenn Sie sich bei der Einrichtung und Vergesellschaftung Ihres Aquariums an der Natur orientieren, also ein »naturnahes Aquarium« einrichten.

Die Natur nachbilden

In ihrer Heimat sind alle Zierfischarten ein Teil der gesamten, oft phantastisch vielfältigen, Natur. Jeder Fisch bewohnt dort seinen »eigenen«, speziellen Lebensraum in Bächen, Flüssen, Sümpfen, Seen und Teichen.
In diesem Kapitel mache ich Ihnen Einrichtungsvorschläge für Biotop-Aquarien. In kurzen Einzelbeschreibungen wird zunächst auf den Lebensraumcharakter der natürlichen Biotope eingegangen. Für die Besetzung des Aquariums habe ich nur Fischarten berücksichtigt, die Sie auch in diesem Buch finden. Da aber aus vielen Lebensräumen nicht alle Fischarten importiert werden, läßt es sich manchmal nicht vermeiden, daß bei den Vorschlägen auch

Klares Stillwasser mit Seerosen am Rande eines Fließgewässers.

Der Zwergbärbling *(Boraras maculata)* lebt meist im Schwarzwasser Südostasiens.

einmal »ortsfremde« Fische auftauchen (z.B. algenfressende Fische). Bezüglich der Wasserwerte und Temperatur richten Sie sich nach den Wassertypen, die für die jeweilen Fischarten geeignet sind (→ Steckbriefteil ab Seite 14).

Klarwasser-Regenwaldbach im Hügelland

→ Foto, Seite 109

Biotopcharakter: Schnellfließende, oft sonnenbeschienene Bäche mit klarem Wasser. Feinkiesiger Gewässerboden, in dem langblättrige Pflanzen Halt finden. Runde, algenbewachsene Steine bieten Fischen Schutz vor zu starker Strömung. An tieferen Stellen sammelt sich altes Holz.

Aquariengestaltung: Ein kräftiger Filter sorgt im flachen Becken für Strömung. Nur wo in der Nähe des Filterauslaufs langblättrige Pflanzen (z.B. *Cryptocoryne aponogetifolia*) wurzeln und das Becken mit ihren flutenden Blättern teilweise abschatten, befindet sich Depotdünger unter der ansonsten nur 4 cm dicken Kiesschicht.

Einige runde Steine und langgestreckte Wurzeln mit ins Becken einbringen.

In Aquarien mit Buntbarschen Steinhöhlen anlegen.

Beckengröße: 100 x 40 x 40 cm; Beleuchtung mit 2 Leuchtstoffröhren.

Besatzvorschläge: **West-Afrika:** 1 Paar Finleyi-Maulbrüter. Ein Schwarm (12 Stück) Kamerun-Leuchtaugen, zur Algenkontrolle 3 Rüsselbarben aus Asien. **Mittelamerika:** 1 Paar Zebra- oder Feuermaulbuntbarsche, 6 bis 8 Platies oder Schwertträger; zur Kontrolle der Algen 1 Paar *Ancistrus*. **Südostasien:** Ein großer Schwarm (20 bis 30 Stück) Zebrabärblinge, 5 Rüsselbarben. **Australien/Sulawesi:** 12 Gabelschwanz-Blauaugen oder 8 Sonnenstrahl-Ährenfische, 6 Halbschnabelhechte; 5 Siamesische Rüsselbarben.

Klarwasser-Tiefland-Regenwaldbach

→ Foto, Seite 60

Biotopcharakter: Beschattete, langsam fließende Bäche mit sandigem oder feinkiesigem Boden. Eine Schicht abgestorbenes Laub auf dem Gewässergrund bietet kleinen Fischen Schutz. Dort, wo die Sonne durch das Kronendach der Urwaldbäume dringt, gedeihen verschiedene Wasserpflanzen.
Aquariengestaltung: 6 cm dikker Bodengrund mit Depotdünger für guten Wuchs mit schattenliebenden Rosettenpflanzen (z. B. *Cryptocorynen*). Kleine Wurzelhölzer sind im hinteren Beckenbereich so dicht zusammengelegt, als ob sie auf natürliche Weise dort zusammengeschwemmt worden wären. Wurzelhölzer auf der Oberseite mit Aufsitzerpflanzen bepflanzen. Am Aquarienrand und zwischen Wurzelästen mittelhohe *Cryptocorynen* pflanzen. Vor die Wurzeln abgestorbene Baumblätter härterer Struktur (z. B. Rotbuche, Eiche) auf den Bodengrund legen.
Beckengröße: 80 x 35 x 40 cm; Beleuchtung mit einer Leuchtstoffröhre.
Besatzvorschläge: **Westafrika:** 1 Paar Prachtbuntbarsche (*Pelvicachromis*-Arten) oder 3 Paare Gardner´s Prachtkärpflinge, 5 Querbandhechtlinge, 6 Kamerun-Leuchtaugen.
Südamerika: 1 Trio (1 Männchen, 2 Weibchen) Kakadu-Zwergbuntbarsche oder 6 Panzerwelse; 8 Schmucksalmler, 1 Paar Hexenwelse.

Schwarzwasser-Regenwaldbach

→ Foto, Seite 8

Biotopcharakter: Langsam fließende Tieflandbäche auf feinsandigem, weißen Boden. Schwarzwasser ist stark gefärbt, aber dennoch klar, weil es keine Schwebstoffe enthält. Die dunkle Farbe entsteht durch nicht ganz zersetzte pflanzliche Säuren (Humin-

Der Transvestiten-Buntbarsch *(Nanochromis transvestitus)* stammt aus dem Schwarzwasser Zaires.

TIP

Artgerecht pflegen Sie Ihre Fische vor allem dann, wenn Sie ihnen einen Ausschnitt ihres natürlichen Lebensraumes im Aquarium nachbilden. Selbst wenn dieser Ausschnitt gegenüber der Natur vergleichsweise winzig und unvollständig ist, fühlen sich Ihre Pfleglinge in einem naturnahen Aquarium am wohlsten.

Viele Fließgewässer aus hügeligen Regionen sind extrem klar, wie hier der mit Wasserlilien bewachsene westafrikanische Bach.

säuren und andere), die dem härtefreien Wasser einen pH-Wert unter 6 geben. In diesen nährstoffarmen Gewässern wachsen (fast) keine Pflanzen mehr. An ruhigen Stellen bedeckt eine dicke Blätterschicht den Gewässerboden . An Stellen mit stärkerer Strömung liegen Holzstücke direkt auf dem weißen Sand.

Aquariengestaltung: Das Bekken ohne Pflanzen erhält seinen besonderen Charakter durch das torfgefilterte, härtefreie und daher rotbraune Wasser. Hintergrund aus einer Schicht kleiner Wurzeln; den Vordergrund des nur 3 cm dicken Sandbodens mit einer dünnen Schicht abgestorbener Blätter (z.B. Rotbuche, Eiche) bedecken. An strömungsreicheren Stellen sieht man den weißen Sand.

Hinweis zur Wasserpflege: Die extremen Wasserwerte (Wassertyp 1 → Seite 14) für Schwarzwasserfische dürfen nur bei den unten aufgeführ-

ten Arten nachgeahmt werden, andere Fische vertragen sie nicht. Wichtig ist der regelmäßige Wasserwechsel mit enthärtetem Wasser, weil bei den extremen Wasserwerten die biologische Filterung nur eingeschränkt wirkt.
Beckengröße: 100 x 40 x 40 cm; Beleuchtung mit einer Leuchtstoffröhre.
Besatzvorschläge: **Indonesien:** 1 Paar Mosaikfadenfische, 25 Hengel's Keilfleckbarben oder 15 Fünfgürtelbarben, 6 Dornaugen. **Südamerika:** 1 Trio (1 Männchen, 2 Weibchen) Agassiz' Zwergbuntbarsche oder Schachbrettcichliden, 1 Weißsaum-*Ancistrus*, 12 Blutsalmler, 8 Marmorbeilbauchfische. **Zentralafrika:** 1 Trio Transvestiten-Zwergbuntbarsche; sonst wie Südamerika.

Klares, krautiges, kaum fließendes Fließgewässer

→ Foto, Seite 106
Biotopcharakter: Üppiger Pflanzenwuchs mit feinfiedrigen Pflanzen und Seerosen am sonnendurchfluteten Rand eines Fließgewässers. In der Bachmitte etwas Strömung.
Aquariengestaltung: Reiche Bepflanzung mit Pflanzen verschiedener Wuchsformen auf 6 cm dickem, depotdünger-

Was haben Fische mit Elefanten zu tun?

Im afrikanischen Urwald leben viele Elefanten. Sie kommen zum Trinken und Baden an Bäche und Flüsse. Dabei stapfen sie über den weichen, feuchten Boden und hinterlassen tiefe Fußspuren. So entstehen lauter kleine Minitümpel. Einige Killifische können in diesen Tümpeln überleben und sich sogar darin fortpflanzen. Leider leben keine Wasserflöhe oder andere Futtertiere in den Minitümpeln. Aber viele Insekten fallen dort hinein oder legen ihre Eier hier ab. So bekommen die Fische doch noch Nahrung. Die Fische bleiben solange in solch einem Tümpelchen, bis er durch einen anderen Elefanten wieder zertrampelt wird. Dann hüpfen die Fische in den nächsten Minitümpel.

Felsenbiotop im Malawi-See. Alle Fischarten im Foto sind Mbuna.

haltigem Bodengrund. Vorne freier Schwimmraum, dazwischen Wurzelhöhlen. Leichte Strömung im freien Wasser.
Beckengröße: 120 x 50 x 50 cm; Beleuchtung mit 2 bis 3 Leuchtstoffröhren.
Besatzvorschläge: **Australien:** 30 Werner's Regenbogenfische oder 30 Diamant-Zwergregenbogenfische; 6 Rüsselbarben zur Algenkontrolle. **Afrika:** 1 Paar Afrikanische Schmetterlingsbuntbarsche, 6 Rückenschwimmende Kongowelse, 12 Kongosalmler, 1 Marmorierter Fiederbartwels; 1 Paar *Ancistrus* zur Algenkontrolle. **Asien:** 25 Glaswelse; 6 Streifenhechtlinge, 1 Feuerschwanz; 10 Schachbrettschmerlen. **Südamerika:** 2 Paare Tüpfelbuntbarsche, 10 *Otocinclus*; 8 Brillantsalmler, 12 Schrägschwimmer.

Felsenzone Malawi-See

→ Foto, Seite 110

Biotopcharakter: Flach abfallende Uferzone des sonnendurchfluteten Malawi-Sees mit großen algenbewachsenen Steinen und Felsen.
Aquariengestaltung: In den hinteren zwei Dritteln des Aquariums einen Felsenaufbau aus kantigen großen Steinen einrichten. Dabei eine dünne Styroporschicht und die »Grundsteine« legen (→ Seite 78). Alle Steine so plazieren, daß die Fische durch die Felswand hindurchschwimmen können. Bodengrund vorne aus feinem Kies.
Beckengröße: 150 x 50 x 50 cm; Beleuchtung mit 3 Leuchtstoffröhren.
Besatzvorschlag: Je 1 Männchen und 5 Weibchen von 3 Mbuna-Arten (z. B. *Melanochromis* und *Pseudotropheus*).

Haltungsprobleme richtig lösen

Algenprobleme nach der Neueinrichtung

Situation: Einige Tage nach der Neueinrichtung kommt es zu starkem Algenwachstum (Kiesel- oder Fadenalgen).
Mögliche Ursachen: Die biologische Filterwirkung des Filters nach der Neueinrichtung funktioniert noch nicht richtig, weil sich die dafür nötigen Filterbakterien noch nicht ausreichend entwickelt haben (→ Seite 70). Eine weitere Ursache kann darin liegen, daß die Pflanzen zwar schon eingepflanzt, aber noch nicht richtig angewachsen sind. Entsprechend gering ist ihre Stoffwechselaktivität. Die Pflanzen verbrauchen kaum Nährstoffe. Nährstoffe, die Sie z.B. über flüssigen Pflanzendünger oder Fischfutter zu so einem frühen Zeitpunkt in das Aquarium einbringen, stehen daher konkurrenzlos den Algen als Nahrung zur Verfügung.
Abhilfe: Wenden Sie mehrere Maßnahmen gleichzeitig an:

- Die ersten Wochen zusätzlich mit Aktivkohle filtern.
- Algen per Hand oder mit Algenschabern aus dem Aquarium entfernen.
- Täglich 1/3 Aquarienwasser wechseln, um überzählige Nährstoffe, die von den Pflanzen und Bakterien noch nicht verbraucht bzw. umgesetzt wurden, zu entfernen. Wasserwechsel reduzieren, wenn das Algenproblem nachläßt.
- Etwas Filtermaterial aus einem bereits laufenden Filter (Freunde, Zoofachhandel) oder »Filterstarter« aus dem Zoofachhandel in Ihren Filter einbringen. Die darin enthaltenen Bakterien helfen Ihrem Filter schnell auf die Sprünge.
- Algenfresser einsetzen, → »Algenprobleme in alteingerichteten Aquarien«, unten.
- Schnellwüchsige Stengel- oder Schwimmpflanzen (Hornkraut, Teichlebermoos, Sumatrafarn) einsetzen, die den Algen Konkurrenz um die Nahrung machen. Keine chemischen Mittel zur Bekämpfung verwenden, weil sie die im Aufbau befindliche biologische Filterung stören.

Algenprobleme in alteingerichteten Aquarien

Situtation: Starkes Algenwachstum nur einer oder verschiedener Algenarten.
Mögliche Ursachen: In den meisten Fällen ist der Nitratgehalt des Aquarienwassers durch seltenen Wasserwechsel, starken Fischbesatz oder starke Fütterung zu hoch. Manchmal ist ein Mißverhältnis zwischen Beleuchtung, Düngung und Wasserpflanzenwachstum schuld daran, denn gedüngt werden dürfen Wasserpflanzen nur in dem Maße, in dem sie die Nährstoffe auch verbrauchen. Wenn Sie also bei unzureichender Pflege zuviel düngen und beleuchten, düngen Sie vor allem die anspruchslosen Algen.
Abhilfe: Gehen Sie folgendermaßen vor:

- Eine Woche täglich einen Teilwasserwechsel vornehmen (1/3 des Aquarienwassers).
- Filter reinigen und Bodengrund mit einem Schlauch absaugen.
- Algen soweit wie möglich entfernen.
- Wasserpflanzen nicht düngen, solange das Algenproblem besteht.
- Zur Algenkontrolle eine oder zwei der folgenden Tierarten einsetzen: Siamesische Rüsselbarbe (*Crossocheilus siamensis*); Otocinclus (*Otocinclus cf. affinis*); Saugschmerle (*Gyrinocheilus aymonieri* → Foto, Seite 113); Blauer Antennenwels (*Ancistrus cf. dolichopte-*

Kann man im Aquarium auch Frösche halten?

Ja, denn es gibt Frösche, die klein bleiben und ihr ganzes Leben im Wasser verbringen.

Einer von ihnen heißt Zwergkrallenfrosch. Man kann ihn in vielen Zoogeschäften kaufen. Wenn du ihn in deinem Aquarium pflegen möchtest, mußt du auf folgendes achten:

In deinem Aquarium dürfen nur kleine Fische leben, die den Fröschen nichts tun. Zwergkrallenfrösche sind sogar sehr nützlich. Sie fressen die oft lästigen kleinen Schnecken in deinem Aquarium.

rus). Die richtige Art für ihr Aquarium richtet sich nach der Größe Ihres Aquariums (→ Tabellen im Steckbriefteil, ab Seite 14). Ein guter Fadenalgenfresser, der bald in Ihrem Zoofachgeschäft verfügbar sein wird ist die Japanische Garnele oder Yamato-Numa-Ebi (*Caridina japonica* → Foto, Seite 102/103).

■ Falls die Pflanzen bei Ihnen nicht richtig wachsen, informieren Sie sich im Kapitel »Aquarien sinnvoll und schön einrichten« (→ Seite 76).

Hinweis: Keine chemischen Mittel zur Bekämpfung einsetzen, weil sie die Ursachen nicht bekämpfen, aber die im Aufbau befindliche biologische Filterung stören könnten.

Wassertrübung in neueingerichteten Becken

Situation: Einige Stunden bis Tage nach der Neueinrichtung wird das Wasser plötzlich milchig trübe.

Es handelt sich nicht um die gleiche Trübung, die direkt nach dem Wassereinlassen zu beobachten war.

Ursachen: Die Trübung beruht auf einer unschädlichen Massenvermehrung bestimmter Bakterien.

Abhilfe: Unternehmen Sie nichts! Die Trübung ist bei bestimmten Wasserwerten völlig normal und wird nach einigen Stunden bis Tagen verschwinden.

Saugschmerlen *(Gyrinocheilus aymonieri)* sind gute Algenfresser für große Becken.

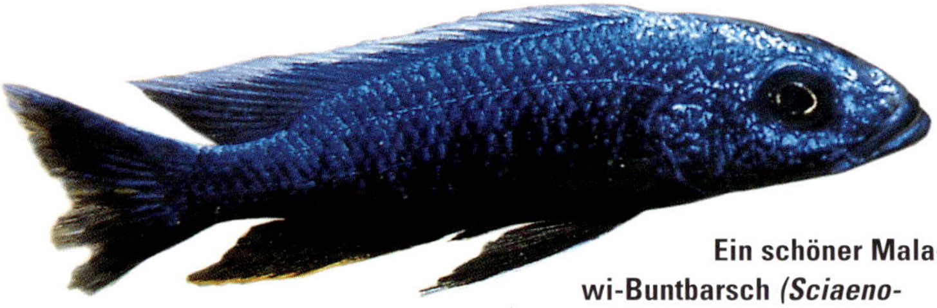

Ein schöner Malawi-Buntbarsch *(Sciaenochromis fryeri).*

Der Nitratwert läßt sich nicht senken

Situation: Sie haben den Nitratwert vor und direkt nach dem Wasserwechsel in Ihrem Aquarium gemessen und stellen keine oder nur sehr geringe Besserung fest. Meist haben Sie zusätzlich Algenprobleme. Bei der Messung des Leitungswassers entdecken Sie Nitratwerte, die deutlich über 20 mg/l liegen.
Mögliche Ursachen: Ihr Leitungswasser ist mit Nitrat bereits hoch belastet (→ Nitrat messen und entfernen, Seite 60).
Abhilfe: Stellen Sie Ihren Fischen nitratfreies Wasser aus einer Umkehrosmose-Anlage, aus einer Ionenaustauscher-Vollentsalzungssanlage oder aus Ionenaustausch-Nitratfiltern zur Verfügung. Welche Methode für Ihr Leitungswasser die günstigste und effektivste ist, hängt von den Härtebildnern Ihres örtlichen Leitungswassers ab und davon, ob Sie zusätzlich in Erwägung ziehen, weiches und salzarmes Wasser für Ihre Fische bereitzustellen. Informieren Sie sich bei Ihrem örtlichen Zoohändler über die für Sie geeignetste Methode.

Schneckenplage

Situation: Kleine Schnecken vermehren sich übermäßig, so daß sie in großer Zahl überall im Aquarium kleben.
Mögliche Ursachen: Sie haben über Wasserpflanzen oder Lebendfutter Schneckeneier oder kleine Schnecken in Ihr Aquarium eingeschleppt. Diese haben sich stark vermehrt, weil sie besonders günstige Bedingungen (viel Nahrung durch liegengebliebene Futterreste) und keine Feinde vorgefunden haben.
Abhilfe: Schnecken sind nicht schädlich, außer daß sie gelegentlich an Wasserpflanzen nagen. Sie können versuchen, die Schneckenplage einzudämmen, werden sie aber nie vollständig vernichten. Das ist auch nicht nötig. Gehen Sie folgendermaßen vor:

- Fische sparsam, aber ausreichend füttern, damit die Schnecken weniger Nahrung vorfinden.
- Bodengrund nach übriggebliebenen Futterresten absaugen.
- Sooft wie möglich Schnekken und ihre Eier per Hand entfernen.
- Schnecken über Nacht in eine Schneckenfalle locken: Dazu eine Untertasse mit einer Futtertablette ins Aquarium geben. Darauf einen umgestülpten Joghurtbecher setzen, der mit kleine Löchern versehen ist (Schnecken passen durch, Fische nicht). Am nächsten morgen sind viele Schnecken im Becher und lassen sich leicht entfernen.
- Falls mit der Fischgesellschaft in Ihrem Aquarium vereinbar, Fische einsetzen, die gern kleine Schnecken fressen (Afrikanischer Schmetterlingsbuntbarsch, *Anomalochromis thomasi*).

Kugelfische sind zwar spezialisierte Schneckenfresser, aber nur bedingt zu vergesellschaften. Sie zupfen Fische, die sich langsam bewegen, an den Flossen. Kugelfische nur mit besonders flinken Fischen der oberen Beckenregion vergesellschaften.
Hinweis: Keine chemischen Schnecken-Bekämpfungsmittel verwenden, da sie auch für andere nützliche Mitbewohner des Aquariums schädlich sind. Zudem belasten zuviele tote Schnecken das Wasser erheblich.

Fische werden zu groß

Situation: Einige Fischarten werden zum Teil deutlich größer, als Sie vermutet haben. Sie können ihnen keine artgerechten Lebensbedingungen mehr bieten.
Mögliche Ursachen: Sie haben sich beim Kauf der Fische nicht ausreichend informiert. Dazu kommt, daß es neben den vielen verantwortungsvollen Zoofachhändlern auch »Schwarze Schafe« gibt, die Ihnen Fische verkaufen, die für Ihr Aquarium zu groß werden.
Als Richtlinie mag die folgende Liste der großwerdenden Arten dienen, wobei in Klammern die in der Natur erreichbare Endgröße angegeben ist. Keine dieser Arten sollte in Aquarien unter 2 Meter Kantenlänge gepflegt werden, manche brauchen wesentlich mehr. Auch wenn im Aquarium einige Fische kleiner bleiben, zeugt das nicht von einer Anpassung, sondern von nicht artgerechter Pflege!
Haibarbe, *Balantiocheilus melanopterus* → Foto, Seite 13, (bis 35 cm); **Chinesischer Sauger,** *Myxocyprinus asiaticus*, (bis ca. 60 cm); **Piranha,** *Pygocentrus nattereri* (größer als 30 cm); **Haiwelse**, *Pangasius*-Arten, (größer als 30 cm, manche über 1 m); **Großer Schlangenkopffisch,** *Channa micropeltes*, (größer 1 m); **Gabelbart,** *Osteoglossum bicirrhosum*, (bis 1,2 m). Andere großwerdende, häufig angebotene Arten sind **Silberflossenblätter, Argusfische** und »**Minihaie**«. Sie eignen sich nur als Jungfische für das Süßwasseraquarium, später brauchen sie aber Brackwasser oder Salzwasser, das Sie ihnen im Süßwasseraquarium nicht bieten können.
Abhilfe: Versuchen Sie, die Fische an befreundete Aquarianer, die größere Becken besitzen, abzugeben. Wurden Sie falsch beraten, werden verantwortungsvolle Zoofachhändler die Tiere zurücknehmen, um sie an Kunden mit geeigneteren Pflegebedingungen weiterzuvermitteln. Läßt sich niemand finden, der die Fische in Pflege nimmt, sollten Sie sich ein größeres Aquarium anschaffen, um den Fischen die geeigneten Lebensbedingungen zu bieten.

Weiße Ränder auf Wasserpflanzenblättern

Situation: Auf den Wasserpflanzen bildet sich ein weißer, krustiger Belag. Der pH-Wert kann auf Werte von weit über 8 steigen.
Ursache: Die Wasserpflanzen leiden Mangel am wichtigen Pflanzennährstoff Kohlendioxid. Besonders häufig tritt dies bei Aquarienwasser mit hoher Karbonathärte auf. Aus der Tabelle Seite 69 können Sie entnehmen, daß in karbonathartem Wasser wenig Kohlendioxid für die Pflanzen verfügbar ist. Um den Mangel an Kohlendioxid auszugleichen, bedienen sich die Pflanzen des Kohlenstoffs, der in den Karbonathärtebildnern enthalten

ist. Dabei entsteht der für die Pflanzen schädliche Kalkbelag auf den Blättern, die Karbonathärte sinkt und der pH-Wert steigt.
Abhilfe: Karbonathärte durch Mischen mit karbonatarmem Wasser senken und/oder mit Kohlendioxid düngen.

Die Fische vertragen sich nicht

Situation: Einige Fische belästigen andere, indem sie sie durch das Becken jagen, sie an den Flossen zupfen, sie nicht ans Futter lassen oder sie sogar fressen.
Mögliche Ursachen: Es handelt sich um verschiedene Arten, die sich wegen ihres unterschiedlichen Temperaments oder ihrer unterschiedlichen Größe nicht für eine Vergesellschaftung eignen. Belästigen Fische einer Art einander, ist Ihr Aquarium zu klein für die Revieransprüche der einzelnen Fische. Bei Buntbarschpärchen kommt es auch ohne Revieransprüche der Weibchen an die Männchen öfter zu einem »Ehekrach«, der sich nach einiger Zeit wieder geben kann, aber nicht geben muß.
Abhilfe: Gehen Sie folgendermaßen vor:

- Finden Sie heraus, ob Sie einen Vergesellschaftungsfehler begangen haben (→ Steckbriefteil, ab Seite 14). Falls ja, sollten Sie einen Teil Ihrer Fische abgeben oder ihnen ein eigenes Aquarium einrichten.
- Falls Sie zu viele revierbildende Fische in einem zu kleinen Aquarium haben oder sich ein Buntbarschpaar verkracht hat, erhöhen Sie die Zahl der Versteckmöglichkeiten im Aquarium. Nutzen Sie dabei besonders den Raum unterhalb der Wasseroberfläche. Bringen Sie dort Höhlen (z. B. mit kunststoffummanteltem Draht eingehängte Plastikröhren) an.

Belästigen die aggressiven Fische die unterdrückten Fische auch dort immer noch, verringern Sie am besten die Anzahl pro Art.

Wasserwechsel – den Fischen geht es schlecht

Situation: Nach einem Wasserwechsel atmen die Fische heftig, oft stehen sie direkt unter der Wasseroberfläche. Eine pH-Wert-Messung ergibt Werte über 7.

Warum haben Skalare Streifen?

Skalare leben in der Natur immer an Stellen, wo umgestürzte Urwaldbäume im Wasser liegen. Die vielen Äste und Zweige dieser Bäume sehen unter Wasser aus wie Streifen. Die Streifenzeichnung der Skalare ähnelt den Ästen der Bäume. Aus der Entfernung erkennen räuberische Fische nur das Gewirr aus Streifen. Sie können nicht zwischen Ästen und Skalaren unterscheiden. Deshalb nimmt man an, daß die Streifen der Skalare den Fischen zur Tarnung dienen.

Mögliche Ursachen: Ammoniakvergiftung nach plötzlichem pH-Sprung über 7: Ammoniak ist ein Gift, das beim Abbau von biologischen Abfallprodukten entsteht, aber normalerweise durch die Filterbakterien gleich weiter zu Nitrat verarbeitet wird. Liegt der letzte Wasserwechsel längere Zeit zurück, ist das Becken überbesetzt oder hat sich aus anderen Gründen zuviel biologischer Abfall angesammelt, den die Bakterien nicht vollständig weiterverarbeiten konnten, entsteht bei pH-Werten unter 7 das relativ ungiftige Ammonium als Zwischenprodukt. Steigt der pH-Wert durch einen Wasserwechsel mit alkalischem Wasser auf über 7, verwandelt sich das Ammonium in giftiges Ammoniak.

Abhilfe: Vorsichtiger 90 %iger Wasserwechsel, um die giftigen Abfallprodukte fast vollständig aus dem Aquarium zu entfernen. Filter reinigen, Bodengrund absaugen. Bei empfindlichen Fischen, die keinen massiven Wasserwechsel vertragen, kann man auch den pH-Wert mit sogenannten pH-Minus-Produkten aus dem Zoofachhandel senken. Da diese Methode aber nur das Ammoniak in Ammonium zurückverwandelt, ist die Ursache nicht beseitigt. Ein fast vollständiger Wasserwechsel, den man aber vorsichtig über mehrere Tage verteilt, bleibt deshalb trotzdem nötig.

Urlaubsvertretung

Situation: Sie möchten Ferien machen, haben aber niemanden, der Ihre Fische pflegt.

Abhilfe: In einem alteingerichteten Becken, das nicht überbesetzt ist, können ausgewachsene Fische eine zweiwöchige Fastenphase vertragen. Zwei Wochen bevor Sie fahren, überprüfen Sie, ob alle technischen Geräte einwandfrei funktionieren (inklusive Zeitschaltuhr für die Beleuchtung). So ist gewährleistet, daß keine technischen Komplikationen in Ihrer Abwesenheit auftreten. Wechseln Sie einen Tag vor Ihrer Abreise die Hälfte des Aquarienwassers. Für längere Abwesenheiten bis zu einem Monat bedienen Sie sich eines Futterautomaten. Sie sollten dann aber auf alle Fälle jemanden finden, der regelmäßig überprüft, ob keine Geräte ausgefallen sind und einmal einen Teilwasserwechsel vornimmt (Wasser in Eimern vorbereiten). Geben Sie dem Pfleger Ihre Telefonnummer im Urlaub bzw. die Ihres Zoofachhändlers, damit im Zweifelsfall eine kompetente Person Ratschläge erteilen kann.

Der Hohe Skalar *(Pterophyllum altum)* braucht weiches, sauberes Wasser.

Mein Aquarium

Hier ist Platz für das Lieblingsfoto.

Größe und Literzahl

Wassertyp (→ Seite 14)

Filtertyp und Filtermaterial

Beleuchtung

Heizer, sonstige Geräte

Eingerichtet am

Aquarientyp (→ Seite 106)

Aquarienfische und deren erreichbare Größe

Futtersorten für die Fische

Aquarienpflanzen

Zoofachhändler, Name, Adresse

Die **halbfett** gesetzen Seitenzahlen verweisen auf Farbfotos und Zeichnungen. U = Umschlagseite, Kl. = Klappe.

Männchen von Werners Regenbogenfisch *(Iriatherina werneri).*

Die Carolina-Haarnixe *(Cabomba caroliniana)* braucht eine sehr starke Beleuchtung.

Blaustreifenbachling (*Rivulus xiphidius*).

Adressen, die weiterhelfen

Verband Deutscher Vereine für Aquarien- und Terrarienkunde e.V. (VDA), Geschäftsstelle: Hans und Ingrid Stiller, Luxemburger Str. 16
44789 Bochum
Hinweis: Der VDA gibt Auskunft über aktuelle Adressen von Aquarienverbänden in Ihrem Wohnbereich, hilft weiter bei Vermittlung von Kontakten (z.B. Hilfe bei Fischkrankheiten, Beschaffung von seltenen Fischen).

Arbeitskreis Wasserpflanzen im VDA, Gerd Eggers, Flachsbleiche 70, 41564 Kaarst

Bundesverband für fachgerechten Natur- und Artenschutz e.V. (BNA), Postfach 1110
76707 Hambrücken
Hinweis: Dachverband der Vereine und Verbände der privaten Tierhalter. Vertritt deren Interessen v.a. bei Belangen der Artenschutzgesetzgebung.

Österreichischer Verband für Vivaristik und Ökologie, Landesverband Niederösterreich, Richard Pfister, Langenlebarnerstr. 50, A-3430 Tulln

Verband Zoologischer Fachgeschäfte der Schweiz VZFS
Güterstr. 199
CH-4053 Basel

Fragen zur Aquaristik beantworten

Ihr Zoofachhändler und der Zentralverband Zoologischer Fachbetriebe Deutschlands e.V. 63225 Langen, Tel. 06103/910732
(nur telefonische Auskunft möglich)

Bücher, die weiterhelfen

(falls nicht im Buchhandel, dann in Bibliotheken erhältlich)

Hieronimus, H.: *Guppy, Platy, Molly*. Gräfe und Unzer Verlag, München.
Scheuermann, I.: *Aquarienfische züchten*. Gräfe und Unzer Verlag, München.
Scheuermann, I.: *Pflanzen fürs Aquarium*. Gräfe und Unzer Verlag, München.
Schliewen, U.: *Wasserwelt Aquarium*. Gräfe und Unzer Verlag, München.
Zurlo, G.: *Buntbarsche/Cichliden*. Gräfe und Unzer Verlag, München.

Zeitschriften

DATZ (vereinigt mit aquarien-Magazin)
Aquarien- und Terrarien-Zeitschrift, Eugen Ulmer Verlag, Stuttgart

Das Aquarium
Birgit Schmettkamp Verlag, Bornheim

Aquarium heute
Aquadocumenta Verlag GmbH,
33689 Bielefeld

Der Autor

Ulrich Schliewen, begeisterter Aquarianer seit frühester Kindheit. Studium Biologie mit Schwerpunkt Zoologie, Universität München. Intensive Kontakte zum Max-Planck-Institut für Verhaltensphysiologie sowie zur Zoologischen Staatssammlung München. Ichthyologische Studienreisen nach Südamerika, Zentralafrika und Südostasien, um Fische in ihrem natürlichen Lebensraum kennenzulernen. Redaktionsmitglied von DCG-Info (Deutsche Cichliden Gesellschaft). Fachbeiträge in Aquarienzeitschriften und wissenschaftlichen Zeitschriften.

Die Zeichnerin

Renate Holzner arbeitet als freie Illustratorin. Ihr breites Repertoire reicht von Strichzeichnungen über fotorealistische Illustrationen bis hin zur Computergrafik.

Dank

Autor und Verlag danken der Firma Eheim GmbH & Co. KG, Deizisau für diverse Innen- und Außenfilter und Beleuchtung, der Firma Fohrmann Aquaristik

GmbH, Lauenau für die „Miniamazonas"-Rückwand für und der Firma Schott-Glaswerke, Mainz für das Siporax® Fitermaterial. Ebenso danken wir Herrn Reinhard Hahn für den Beitrag »Rechtsfragen zur Aquaristik«.

Die Fotos auf dem Buchumschlag und im Innenteil

Umschlagvorderseite: Mosaikfadenfisch (*Trichogaster leeri*) → großes Foto; Kampffische (*Betta splendens*) → kleines Foto; Seite 2/3: Prachtschmerlen (*Botia macracanthus*); Seite 6/7: Gardners Prachtkärpfling (*Aphyosemion gardneri*); Seite 56/57: Prachtbarbe (*Puntius conchonius*); Seite 96/97: Skalar (*Pterophyllum scalare*); Umschlagrückseite: Zebrawels (*Hypancistrus zebra*).

Die Fotografen

Aqua Design Amano Co. Ltd./ Takashi Amano: Seite 62/ 63, 66/67, 80/81, 102/103;
Büscher: Seite 36 (Fisch), 38 o., 44 o., 104, hintere Klappe (Nr. 5);
Hartl: vordere Klappe (Hexenwels-Männchen), Sei-te 22 u., 33, 37 o., 40 (Fisch), 42 u., 96/97, 100, 118;
Hellner: Seite 48 mi.;
Kahl: Seite U1 kleines Foto, vordere Klappe (Perlhuhnwels), 2/3, 4/5 (Pflanze), 9, 17 o., 19, 20 o., u., 21, 24 u. (Pflanze), 25, 26 u., 28 o., u., 29, 30 o., 36 (Pflanze), 40 (Pflanze), 44 u. (Pflanze), 49 (Pflanze), 50 o., u. (Pflanze), 51, 53 u., 54 mi., 56/57, 64, 76/77, 107, 117 (Pflanze), 121, 124 (Pflanze);
Kilian: vordere Klappe (Roter Cichlide), Seite 39, 117 (Fisch);
Linke vordere Klappe (Agassiz´s Zwergbuntbarsch, Kampffisch-Männchen), Seite 8, 26 o., 31 o., 32 o., u., 50 u. (Fisch), 106, 108, hintere Klappe (Nr. 4, 6);
Lucas: Seite 13, 34 o., 37 u., 48 o., U4;
Lütje: Seite 6/7, 124 (Fisch);
Nieuwenhuizen: vordere Klappe (Buckelkopfbuntbarsch, Boesemans Regenbogenfisch, Blaubarsch), Seite 4/5 (Fisch), 5 re., 11, 14, 15 o., 18 o., u., 23, 24 o., u. (Fisch), 32 mi., 34 u., 38 u.,49 (Fisch), 52 o., 59, 65, 73, 74, 91, 99, 101, 110, 113 o., 116, 127, hintere Klappe (Nr. 2, 3, 8, 9, Guppy-Zuchtform);
Peither: vordere Klappe (Gestreifter Schneckencichlide), Seite 10, 17 u., 26 mi., 30 u., 44 u., (Fisch), 52 u., 68 li., re., 69, 78 o., u., 79 o., u., 87, 92/93, 123, hintere Klappe re. (Freisteller Pflanze);
Reinhard: vordere Klappe (Marmorierter Beilbauchsalmler), Seite 53 o.;
Römer: hintere Klappe (Nr. 7);
Schliewen: Seite 60, 109;
Spreinat: Seite 41, 46 o., u., 47, 90, 111, 114, hintere Klappe (Nr. 1);
Staeck: vordere Klappe (Diskusfisch), Seite 15 u., 31 u., 42 o., 45, 54 u., hintere Klappe li. (Augenfleck-Buntbarsch);
Weidner: Seite 43;
Werner: Seite 22 mi.;
Wildekamp: Seite 48 u., 54 o.;
Zurlo: Seite U1 großes Foto, 22 o., 113 u.

Impressum

Redaktion: Gabriele Linke-Grün, Anita Zellner
Umschlaggestaltung und Layout: Heinz Kraxenberger
Zeichnungen: Renate Holzner
Herstellung:
Heide Blut/Verena Römer
Satz: Heide Blut
Reproduktion: Penta Repro
Druck und Bindung: Appl

ISBN: 3-7742-2640-7

Auflage	2000	99	98	97
Jahr	4.	3.	2.	1.

Wichtige Hinweise

In diesem Buch sind elektrische Geräte für die Aquarienpflege beschrieben. Beachten Sie unbedingt die Sicherheitsvorschriften der Hersteller, da andernfalls schwerwiegende Unfälle passieren können.
Wasserschäden durch Glasbruch, Überlaufen oder Leckwerden des Beckens können nicht immer vermieden werden. Schließen Sie daher unbedingt eine Versicherung ab (→ Seite 12).
Fischmedikamente und andere Mit-tel zur Krankheitsbehandlung sind vor Kindern zu sichern. Ätzende Chemikalien dürfen nicht mit Augen, Haut oder Schleimhäuten in Berührung kommen. Im Falle ansteckender Fischkrankheiten (z.B. Fischtuberkulose) infizierte Fische nicht mit bloßen Händen anfassen oder ins Becken greifen. Man kann sich z. B. am Unteraugenstachel von Schmerlen und an den Flossenstacheln einiger Welsarten verletzen. Da diese Stichverletzungen allergische Reaktionen auslösen können, muß unbedingt sofort zum Arzt gegangen werden.

Fische-Ratespiel (hintere Buchklappe) Auflösung

1a (→ *Malawi-Cichliden, Seite 46*).

2a (→ *Zwergcichliden, Seite 38*).

3b (→ *Schmerlen und Fransenlipper, Seite 22*)

4b (→ *Labyrinthfische, Seite 50*).

5a (→ *Zwergcichliden, Seite 38*).

6b (→ *Labyrinthfische, Seite 50*).

7b (→ *Tanganyika-Cichliden, Seite 45*)

8a (→ *Größere Cichliden, Seite 42*).

9a (→ *Welse, Seite 33*).

Marmorierter Fiederbartwels *(Synodontis schoutedeni)*.

Das Fische-Ratespiel

Hier kannst du testen, was du schon alles über deine Fische weißt. Kreuze bei jedem Bild die richtige Antwort an. Die Auflösung des Ratespiels findest du im Buch auf der Seite 127.

1
- ☐ *a) Eiflecken der Malawi-Buntbarsche ahmen Fischeier nach.*
- ☐ *b) Die Eiflecke leuchten nachts.*

Der Augenfleck-Buntbarsch (Heros spec.) ist ein sehr ruhiger Cichlide.

2
- ☐ *a) Beim Purpurprachtbuntbarsch sind die Weibchen hübscher.*
- ☐ *b) Beim Buntbarsch ist immer das Männchen schöner gefärbt.*